C. Prakasam

Sensoriamento remoto e aplicação de SIG no estudo do stress hídrico e da geomorfologia

C. Prakasam

Sensoriamento remoto e aplicação de SIG no estudo do stress hídrico e da geomorfologia

(Bloco de Ausgram, Distrito de Burdwan, Bengala Ocidental, Índia)

ScienciaScripts

Imprint

Cover image: www.ingimage.com

This book is a translation from the original published under ISBN 978-620-2-30150-3.

Publisher:
Sciencia Scripts
is a trademark of
Dodo Books Indian Ocean Ltd. and OmniScriptum S.R.L publishing group

120 High Road, East Finchley, London, N2 9ED, United Kingdom
Str. Armeneasca 28/1, office 1, Chisinau MD-2012, Republic of Moldova, Europe
Managing Directors: Ieva Konstantinova, Victoria Ursu
info@omniscriptum.com

Printed at: see last page
ISBN: 978-620-8-51357-3

DETECÇÃO REMOTA E APLICAÇÃO DE GIS NO STRESS HÍDRICO E ESTUDO DOS RECURSOS GEOMÓRFICOS

(BLOCO DE AUSGRAM, DISTRITO DE BURDWAN, BENGALA OCIDENTAL, ÍNDIA)

Dr. C. Prakasam

Professor associado e coordenador

Centro de Investigação em Geoinformática e Tecnologias da Construção

Departamento de Engenharia Civil

Universidade de Chitkara

Himachal Pradesh, Índia.

ÍNDICE

RECONHECIMENTO

Estou extremamente grato ao **Dr. Biplab Biswas,** Professor e Diretor do Departamento de Ciências Geoespaciais da Universidade de Burdwan, pela sua paciência, orientação valiosa, disponibilidade, encorajamento, orientação incansável e cooperação durante o período de investigação. Sem a sua orientação, o presente trabalho não poderia ter sido concluído.

Estou profundamente grato ao Chanceler da Universidade de Chitkara, **Dr. Ashok Chitkara,** ao Pro Chanceler, **Dr. Madhu Chitkara**, e ao Vice Chanceler, **Brigadeiro (Dr.) R.S. Grewal**, pelo seu apoio incondicional à redação deste livro.

Estou profundamente grato ao **Dr. Varinder S Kanwar**, secretário da Universidade de Chitkara, pela sua orientação e apoio contínuos na redação deste livro.

Agradeço aos professores do departamento de engenharia civil da Universidade de Chitkara que ajudaram a escrever este livro.

Estou extremamente grato ao **Dr. Narayan Chandra Jana**, Professor da Universidade de Burdwan, pela sua ajuda durante o período de investigação.

Gostaria de expressar os meus sinceros agradecimentos aos membros do corpo docente e ao pessoal não docente da Universidade de Burdwan pela sua ajuda técnica durante o período de investigação. Expresso o meu respeito às autoridades da Universidade de Burdwan, Bengala Ocidental, pela realização do trabalho de investigação.

Expresso o meu respeito às autoridades do Departamento de Ciência e Tecnologia de Bengala Ocidental pelo apoio financeiro concedido para a realização dos trabalhos. Por último, gostaria de expressar o meu profundo respeito aos meus pais e familiares pelo seu amável interesse no que respeita ao meu trabalho e sustentabilidade

ACRÓNIMOS

DEM	- Digital Elevation Model
GCP	- Ground Control Pont
GIS	- Geographic Information System
GPS	- Global Positioning System
JFM	- Joint forest management
LISS_IV_Mx	- Linear Imaging Self Scanning *Sensor*
LULC	- Land Use Land Cover
MODIS	- Moderate-resolution Imaging Spectroradiometer
NASA	- National Aeronautics and Space Administration
NDVI	- Normalized Difference Vegetation Index
SOI	- Survey of India
SPOT	- Satellite Probatoire d'Observation de la Terre
SRTM	- Shuttle Radar Topography Mission

PREFÁCIO

O presente trabalho de investigação, intitulado "Caracterização dos recursos geomórficos com recurso à deteção remota e ao sistema de informação geográfica para avaliação da ocupação do solo em zonas com stress hídrico", é analisado e interpretado a partir de diferentes dados de satélite e mapas topográficos.

Os principais objectivos do presente estudo são o estudo e a avaliação do potencial das águas superficiais e a identificação de locais de captação de águas superficiais. A maioria dos estudos é efectuada através da caraterização dos recursos geomórficos e da análise da ocupação do solo. As tecnologias de Deteção Remota e de Sistema de Informação Geográfica foram utilizadas de forma intensiva para atingir os objectivos pretendidos. Pretendemos também propor um novo plano sazonal de ocupação do solo para algumas áreas específicas selecionadas.

Objectivos do estudo

1. Estudar os recursos geomórficos e a análise da ocupação do solo na atual área de estudo;

2. Para estimar os recursos hídricos superficiais disponíveis nos blocos I e II de Ausgram, utilizando dados multitemporais de satélite e mapas topográficos SOI, será avaliada a importância dos recursos hídricos superficiais para a determinação da ocupação do solo nesta região;

3. Identificar e classificar os recursos hídricos de superfície e as zonas potenciais de captação de água; e

4. O objetivo final do presente estudo é sugerir e formular o plano de desenvolvimento e gestão para a região, de modo a formular um novo plano sazonal de utilização do solo para a região.

A presente investigação foi concebida e dividida em sete capítulos. O primeiro capítulo apresenta uma introdução geral sobre a ocupação do solo, os recursos geomórficos, os recursos hídricos, a teledeteção, o Sistema de Informação Geográfica (SIG) e a importância dos estudos de alteração da ocupação do solo.

São avaliados estudos anteriores sobre a caraterização dos recursos geomorfológicos, a ocupação do solo e a pressão sobre a água. Estudando a literatura, são identificadas as lacunas de investigação existentes e são definidos os objectivos da presente investigação. Este objetivo está incluído no segundo capítulo.

O terceiro capítulo inclui a configuração geográfica da região de estudo. Inclui a metodologia, a base de dados e a tecnologia utilizadas para a conclusão bem sucedida da presente investigação.

O quarto capítulo é exclusivamente dedicado à caraterização e análise dos recursos geomórficos. Inclui o estudo e análise da densidade de drenagem, frequência de massas de água superficiais, relevo absoluto, relevo relativo, declive, índice de dissecação e índice de rugosidade.

A avaliação da ocupação do solo e das suas alterações nos últimos 36 anos foi efectuada utilizando a deteção remota e a abordagem SIG. A determinação do papel dos caracteres geomórficos na ocupação do solo, incluindo a extensão das terras agrícolas, está incluída no quinto capítulo.

O sexto capítulo continha o estudo para avaliar a potencialidade dos recursos hídricos de superfície. A potencialidade dos sítios ou zonas das regiões de captação de águas de superfície foi identificada aqui. A regionalização é efectuada com base nos recursos geomórficos e na ocupação do solo existente na região.

O sétimo capítulo trata do estudo de casos de aldeias selecionadas para as quais foi feito um planeamento da agricultura alternativa. O planeamento baseia-se na natureza dos recursos geomórficos, nas zonas de captação de água e na atual ocupação do solo. As tecnologias SIG e de teledeteção foram utilizadas intensivamente para o estudo.

Finalmente, o oitavo capítulo inclui as principais conclusões do estudo. Nesta secção, são apresentadas sugestões para a melhoria sustentável e para a investigação futura do estudo.

Capítulo 1

INTRODUÇÃO

A compreensão, a análise e a aplicação do conhecimento geomórfico são essenciais para a solução de problemas relativos ao uso e ocupação do solo, à exploração de recursos, à gestão e ao planeamento ambiental (Jones, 1980). A geomorfologia tem sido considerada como uma ajuda para a avaliação de recursos, construção e planeamento de engenharia. Está relacionada com inventários de recursos, gestão ambiental, avaliação do solo e da ocupação do solo (Dent e Young, 1981). O conhecimento geomórfico tem sido utilizado para a produção de mapas para controlo hidrológico, erosivo e de estabilidade, cartografia geomórfica, cartografia do sistema terrestre e avaliação do terreno (Mitchell, 1973).

1.1 Compreender o significado de Recursos Geomórficos

A geomorfologia é definida como o estudo científico das caraterísticas da superfície terrestre que envolve a descrição interpretativa das formas terrestres, a sua origem, desenvolvimento, natureza e mecanismo dos processos geomórficos que fazem evoluir as formas terrestres (Goudie, 2004). A geomorfologia é a ciência que estuda a superfície terrestre de qualquer parte da terra em relação à estrutura geológica, à história tectónica e à força erosiva. A geomorfologia é essencialmente uma disciplina explicativa que enfatiza a interpretação da superfície superior das áreas terrestres em relação às diferentes causas que a moldaram (Gupta, 2004).

A geomorfologia tenta explicar as caraterísticas encontradas e os processos que operam na superfície da terra. As investigações formais em geomorfologia são efectuadas no âmbito da tradição racional, empírica e analítica da ciência moderna. As abordagens incluem a recolha de informações no terreno e o teste de hipóteses. São feitos esforços para reproduzir e generalizar os resultados. Outras disciplinas e actividades humanas utilizam os resultados da investigação geomórfica. A geomorfologia ocupa-se principalmente das formas de relevo e dos seus processos de mudança, mas, num sentido mais lato, é importante ver que existe um imperativo de conservação ambiental partilhado entre a geomorfologia, a geologia e os estudos do solo. A abordagem de procurar reservar, preservar e conservar elementos representativos da rocha, do relevo e do solo é atualmente designada por geoconservação. Trata-se do estudo da história e da dinâmica do relevo e também da previsão de alterações futuras através da observação no terreno, da experimentação e da modelação numérica.

A geomorfologia tem o seu papel na identificação e descrição das formas de relevo, na explicação da sua origem e na previsão das suas alterações futuras. A identificação das formas de relevo é a simples descrição quantitativa das caraterísticas de um rio ou de uma bacia de drenagem, mas o principal objetivo subjacente a essa descrição está relacionado com a avaliação das caraterísticas geológicas, hidrológicas, climáticas e de ocupação do solo da região da bacia de drenagem.

A presente secção está interessada em estudar e caraterizar as condições geomórficas da região de estudo e em relacionar com elas a ocupação do solo e os recursos hídricos da região. A caraterização das diferentes caraterísticas geomórficas e a avaliação das suas condições para o planeamento da ocupação do solo são designadas por recursos geomórficos. Já foi estabelecido e será discutido mais tarde em pormenor que as condições geomórficas determinam em grande medida a ocupação do solo e a disponibilidade de recursos hídricos de qualquer região.

1.2 Compreender o significado da utilização do solo Cobertura do solo

O uso do solo e a ocupação do solo (LULC) caracterizam os atributos biofísicos e económicos da superfície terrestre. A utilização do solo refere-se às actividades económicas do homem na terra. A cobertura do solo, por outro lado, descreve a vegetação e as construções artificiais que cobrem a superfície terrestre (Burgess e Pairman, 1997). Descreve o estado físico da superfície terrestre: como em terras de cultivo, montanhas ou florestas" (Meyer e Turner, 2002) e está relacionada com as caraterísticas visuais. Os gestores de recursos e os responsáveis pelo planeamento da utilização das terras agrícolas necessitam de dados pormenorizados, oportunos, precisos e fiáveis sobre a extensão, a localização e a qualidade dos recursos terrestres e hídricos e sobre as caraterísticas climáticas. Os dados sobre a ocupação do solo podem ser necessários para estimar a potencialidade de desenvolvimento e a necessidade de conservação dos recursos da terra.

A cobertura do solo refere-se à vegetação, massas de água, rocha/solo, cobertura artificial e outros elementos observados na terra (NRSA, 1995). A cobertura do solo, definida como o conjunto de componentes bióticos e abióticos na superfície da terra, é uma das propriedades mais importantes do sistema terrestre. A utilização do solo inclui terrenos agrícolas, terrenos construídos, zonas de recreio, zonas de gestão da vida selvagem, etc.

O uso do solo, fortemente relacionado com o ser humano, denota "o emprego humano da terra" e implica "a forma e o objetivo para os quais os seres humanos empregam a terra e os seus recursos" (Meyer e Turner, 2002; Meyer, 1995). Não está apenas relacionado com as caraterísticas visíveis, mas também com a intenção ou o objetivo da utilização do solo.

A utilização do solo é a utilização efectiva de uma parcela de terreno (Mandal, 1982). A utilização do solo de qualquer região é o resultado do impacto dos habitantes sobre a terra, à luz da sua perceção dos factores ecológicos da paisagem nessa região, desenvolvida ao longo de gerações, juntamente com a sua capacidade de absorção de competências tecnológicas. O uso do solo é a utilização da superfície de todas as terras desenvolvidas e vagas num ponto específico, num determinado tempo e espaço.

A agricultura é a atividade mais fundamental do homem, que se baseia na utilidade da terra. Sendo a terra o portador e parte do ecossistema, actua como interface de todos os sistemas em interação e, por conseguinte, apresenta as expressões fenomenológicas da sua interação em condições de utilização da terra (Vink, 1975). Uma vez que a terra ajuda a fornecer os requisitos primários básicos para a sobrevivência da sociedade humana, especialmente no caso da alimentação, deve ser dada especial atenção ao estudo da agricultura. O estudo da utilização das terras fornece informações relevantes relacionadas com as culturas e o padrão de utilização das terras agrícolas. O estudo permite-nos utilizar a terra de forma científica e com a máxima eficiência. Também lida com as questões de conversão de terras de uma utilização principal para outra. Por exemplo, a questão de saber se uma determinada parcela de terra deve ser cultivada através do corte da floresta só pode ser avaliada corretamente após a realização de um estudo adequado do terreno. Assim, o estudo da utilização da terra trata do estudo dos problemas que surgem no processo de decisão entre os tipos de terra e de colocação da terra na sua utilização correta. O homem utiliza a terra de várias formas e altera a sua utilização de acordo com as suas necessidades. As mudanças nas condições socioeconómicas conduzem a mudanças na utilização da terra. A evolução científica e tecnológica promove melhores formas de utilização da terra. Por conseguinte, as investigações para encontrar as formas mais adequadas de utilização da terra têm de ser sempre revistas. A diversidade de usos do solo não se deve apenas à evolução das condições socioeconómicas, mas também às diferentes condições climáticas e geomórficas.

1.3 Utilização do solo Cobertura do solo e recursos geomórficos

A utilização do solo e a ocupação do solo (LULC) de qualquer região são largamente determinadas pela condição geomórfica e, em seguida, por factores climáticos e outros. Os recursos geomórficos afectam imensamente a natureza e a extensão da agricultura nas escalas macro, meso e micro. Este facto é evidente na diferença acentuada entre a técnica e os problemas da agricultura na montanha, no planalto ou na planície. Na escala meso-regional, vemos diferenças na agricultura nas planícies aluviais, nas cristas, nos flancos dos vales, nos pedimentos das bacias e nos taludes. Os recursos geomórficos podem fornecer a base da agricultura e definiram o padrão que pode ser viável e frutífero nas diferentes paisagens, como a planície fluvial árida e semiárida, a paisagem cársica, a topografia costeira, a região periglacial e a região vulcânica.

A geomorfologia e os processos geomórficos influenciam a formação do solo e dos sedimentos. Determinam a natureza do reservatório de água subterrânea. É a condição geomórfica que determina a possibilidade de extensões de irrigação, utilização de maquinaria pesada, consolidação de explorações, operações agrícolas no campo.

As paisagens antigas do ciclo geomórfico, com declive estabilizado, são obviamente mais adequadas para estradas do que as paisagens mais jovens. Os deslizamentos de terras são tão perigosos para estradas, caminhos-de-ferro, povoações e outras estruturas que é essencial um estudo geomórfico pormenorizado da região onde ocorrem.

Os recursos geomórficos estão prontos a responder às necessidades socioeconómicas do mundo atual e, por conseguinte, há uma grande procura de gomorfólogos para participarem em projectos diversificados que conduzam ao desenvolvimento económico e a uma utilização equilibrada e adequada do ambiente natural.

O rápido crescimento da população, especialmente a pressão sobre os recursos terrestres, a desflorestação em grande escala e a extensão da agricultura às terras montanhosas e marginais resultaram em riscos geomórficos generalizados e recorrentes induzidos pelo homem, como a erosão dos solos, os deslizamentos de terras, as inundações e a sedimentação.

O carácter geomórfico e a ocupação do solo de qualquer parte do território podem ser classificados como terreno. As formas de relevo de um terreno consistem em conjuntos de unidades paisagísticas mais pequenas, como cumes de cumeadas, encostas médias, fundos de vales, etc. Se as unidades de paisagem tiverem correlação com alguns aspectos económicos do terreno, então o inventário de informações sobre o terreno pode ser utilizado como ferramenta de previsão.

A investigação dos recursos geomórficos ajuda a delinear grandes unidades geomórficas, tais como planícies de inundação aluviais, planícies pedimentares, planícies de outwash, etc. O estudo da geomofologia de uma região também pode ser utilizado para determinar a capacidade de irrigação e de estudo das águas subterrâneas. Os problemas hidrográficos em terrenos calcários são melhor compreendidos quando a geomorfologia dessas áreas é totalmente compreendida.

A condição geomórfica pode ser um fator determinante muito importante para o LULC, mas a disponibilidade de recursos hídricos não é menos importante para determinar o mesmo.

1.4 Importância do RS-GIS nos estudos de uso e ocupação do solo

A teledeteção tem sido uma tecnologia muito útil para a produção de estatísticas de ocupação do solo que podem ser úteis para determinar a distribuição das utilizações do solo na região de estudo. A tecnologia moderna de teledeteção inclui sistemas aéreos e de satélite. Permite-nos recolher muitos dados físicos com bastante facilidade, com rapidez e numa base repetitiva. A deteção remota, juntamente com o SIG, ajuda-nos a analisar os dados espacialmente, oferecendo possibilidades de gerar várias opções (modelação), optimizando assim todo o processo de planeamento. Estes sistemas de informação também oferecem a interpretação de dados físicos (espaciais) com outros dados socioeconómicos, proporcionando assim uma ligação importante no processo de planeamento total e tornando-o mais eficaz e significativo. Os recentes avanços tecnológicos realizados no domínio da tecnologia espacial têm um impacto considerável nas actividades de planeamento. Este domínio do planeamento é de importância primordial para um país como a Índia, com padrões geográficos variados, actividades culturais, etc.

Um dos instrumentos de síntese e análise de informação mais eficazes para incorporar informação espacial pormenorizada no planeamento é fornecido pelos Sistemas de Informação Geográfica (SIG) (Yeh, 1999). Os SIG permitem a síntese e a análise integrada de uma gama extremamente variada de informações espaciais, temporais e de atributos relacionadas com a hidrologia, a utilização do solo, a ocupação do solo, os serviços públicos, as zonas protegidas, as fronteiras políticas, os padrões económicos, os transportes, as telecomunicações, a biodiversidade, a extração de recursos, a agricultura, etc.

Os sectores e actividades que podem beneficiar da informação derivada das RS para planeamento e gestão incluem a agricultura (por exemplo, irrigação, cultivo, fertilização, colheita), a silvicultura (por exemplo, colheita, silvicultura, gestão de pragas e distribuição), o planeamento urbano (por exemplo, transportes, telecomunicações, desenvolvimento de habitações), o petróleo e o gás (por exemplo, exploração, desenvolvimento de condutas, perfuração, refinação), a conservação (por exemplo, espécies em risco, áreas protegidas, monitorização de habitats, reabilitação) e o planeamento urbano (por exemplo, exploração de petróleo e gás, perfuração, refinação). transportes, telecomunicações, desenvolvimento habitacional), petróleo e gás (por exemplo, exploração, desenvolvimento de condutas, perfuração, refinação), conservação (por exemplo, espécies em risco, áreas protegidas, monitorização de habitats, reabilitação) e monitorização ambiental (por exemplo, extensão do gelo, biomassa, urbanização, seca). Mesmo com apenas estes poucos exemplos, é evidente que a natureza específica da informação necessária sobre as alterações da superfície terrestre pode variar consideravelmente entre contextos de planeamento e gestão.

O conceito de "tempo" é uma componente central de qualquer processo de planeamento. Um segundo aspeto importante para as actividades de planeamento é o conceito de "espaço". Os dados de teledeteção são capazes de abordar considerações de tempo e espaço numa série de escalas espácio-temporais. Do ponto de vista da teledeteção espacial, a frequência refere-se à resolução do pixel, enquanto o alcance se refere à cobertura da imagem. Do ponto de vista da teledeteção temporal, a frequência refere-se aos intervalos temporais em que as imagens são obtidas e o alcance refere-se ao período de tempo abrangido pelo conjunto de dados de imagem. A frequência espacial, o alcance espacial, a frequência temporal e o alcance temporal têm uma influência fundamental na forma como a análise de alterações com base na RS é efectuada em relação aos objectivos de planeamento.

A integração dos vários mapas temáticos e dados de atributos, e a manipulação/análise posterior para identificar alternativas de desenvolvimento são efectuadas utilizando o Sistema de Informação Geográfica de ponta. Os resultados classificados digitalmente correspondentes à geologia, geomorfologia, solos, uso da terra e seus derivados são codificados e armazenados no sistema de informação cartográfica. Estes mapas individuais de ficheiros de mapas correspondentes são integrados para chegar a "Composite Mapping Units" (CMUs). Os dados sócio-económicos, institucionais e outros dados estatísticos são introduzidos na base de dados de atributos.

Os dados obtidos por teledeteção, tanto a partir de fotografias aéreas como de imagens de satélite, em combinação com o SIG, têm valor científico não só no estudo da alteração da ocupação do solo (por exemplo, diminuição das áreas verdes abertas, aumento das áreas impermeáveis), mas também no estudo do esgotamento das águas superficiais e subterrâneas, do aumento da poluição atmosférica e da temperatura da superfície terrestre. A utilização de dados de satélite pode aumentar a exatidão (em relação às medições no terreno), bem como reduzir o tempo e os custos da investigação.

Os mapas e as medições da ocupação do solo podem ser obtidos diretamente a partir de dados de deteção remota através de uma variedade de procedimentos analíticos, incluindo métodos estatísticos e interpretação humana. Os mapas convencionais de LULC são categóricos, dividindo o terreno em categorias de ocupação do solo (cartografia temática; classificação do terreno), enquanto que as técnicas recentes permitem a cartografia de LULC ou de outras propriedades do terreno como variáveis contínuas ou como cobertura fraccionada do terreno por diferentes categorias de LULC, tais como copa das árvores, vegetação herbácea e terrenos estéreis (cartografia de campos contínuos). Ambos os tipos de conjuntos de dados LULC podem ser comparados entre períodos de tempo utilizando sistemas de informação geográfica (SIG) para cartografar e medir LULC às escalas local, regional e global.

A alteração da ocupação do solo é um dos principais factores de mudança global (Vitousek, 1992) e tem implicações significativas para muitas questões de política internacional (Nunes e Auge, 1999). Em particular, as alterações da ocupação do solo nas regiões tropicais são motivo de grande preocupação devido às mudanças rápidas e generalizadas na distribuição e nas caraterísticas das florestas tropicais (Myers 1993; Houghton 1994). No entanto, as alterações na ocupação do solo e na forma como as pessoas utilizam a terra foram reconhecidas nos últimos 15 anos como importantes alterações ambientais globais por direito próprio (Turner, 2002). Para compreender a forma como as alterações das LULC afectam e interagem com os sistemas terrestres globais, é necessária informação sobre as alterações ocorridas, onde e quando ocorreram, as taxas a que ocorreram e as forças sociais e físicas que impulsionam essas alterações (Lambin, 1997). As necessidades de informação para uma tal síntese são diversas. A teledeteção tem um importante contributo a dar para documentar a mudança efectiva na utilização do solo e na ocupação do solo à escala regional e global desde meados da década de 1970 (Lambin et al., 2003).

1.5 Importância dos estudos de alteração da ocupação do solo

A ocupação do solo está intimamente ligada ao clima de formas complexas e constitui um contributo fundamental para a modelização das emissões de gases com efeito de estufa, o balanço do carbono e os ecossistemas. Os estudos sobre as alterações do uso do solo e da ocupação do solo (LULCC) têm fornecido contributos essenciais para avaliações em grande escala da biomassa e do coberto florestal; os objectivos futuros das LULCC incluem a redução das incertezas nas estimativas da biomassa, a compreensão das heterogeneidades regionais das alterações e a quantificação das ligações e feedbacks entre as LULCC, as alterações climáticas e outras componentes humanas e ambientais. A investigação que examina as LULCC históricas, actuais e futuras, os seus motores, as reacções ao clima e as suas consequências ambientais, sociais, económicas e para a saúde humana é, por conseguinte, da maior importância e exige frequentemente a cooperação inter-agências e intergovernamental. Os planos de investigação centram-se no modo como as práticas de gestão podem mudar à medida que o clima e as políticas de conservação se alteram e nas reacções relacionadas com a saúde ambiental, social, económica e humana. O sistema climático global é afetado pelas alterações da ocupação do solo através de processos biogeofísicos, biogeoquímicos e de troca de energia. Estas alterações, por sua vez, afectam o clima às escalas local, regional e global. Os principais processos incluem a absorção e a libertação de gases com efeito de estufa pela cobertura vegetal da biosfera terrestre de e para a atmosfera através da fotossíntese, da respiração e da evapotranspiração; a libertação de aerossóis e partículas provenientes de perturbações da alteração da cobertura vegetal à superfície; variações na troca de calor sensível entre a superfície e a atmosfera devido a alterações da cobertura vegetal; variações na absorção e na reflexão da radiação à medida que as alterações da cobertura vegetal afectam o albedo da superfície; e efeitos da rugosidade da superfície no momentum atmosférico que dependem da cobertura vegetal. Embora a atividade humana possa alterar muitos destes processos, os processos meteorológicos, climáticos e geológicos são também importantes.

Os estudos de alteração da ocupação do solo também fornecem informações valiosas para avaliações em grande escala da biomassa vegetal e do coberto florestal, que são componentes fundamentais do ciclo do carbono. Os objectivos futuros em matéria de alterações da ocupação do solo incluem estimativas muito precisas da biomassa, refinando assim o conhecimento do armazenamento de carbono na vegetação, (2) a compreensão das alterações regionais da ocupação do solo que afectam a biomassa, e (3) a quantificação das ligações e retroacções entre as alterações da ocupação do solo, as forças das alterações climáticas, as alterações climáticas e outras componentes humanas e ambientais relacionadas.

A alteração da ocupação do solo é significativa para uma série de temas e questões centrais para o estudo das alterações ambientais globais. As alterações afectam o desenvolvimento sustentável e os sistemas de subsistência e contribuem também para mudanças nos ciclos biogeoquímicos da Terra, afectando os níveis atmosféricos de gases com efeito de estufa e outros gases. A compreensão da natureza das alterações da ocupação do solo e dos seus impactos exige esforços conjuntos das ciências naturais e sociais, devido à especialização de cada uma delas em determinadas facetas fundamentais do tema.

Os cientistas estimam que cerca de um terço a metade da superfície terrestre do nosso planeta foi transformada pelo desenvolvimento humano. As alterações insustentáveis na utilização dos solos são reconhecidas como os principais factores de mudança ambiental que resultam numa grave degradação e/ou perda de serviços ecossistémicos à escala global.

As alterações na ocupação do solo podem ter um efeito significativo na região, alterando os resultados climáticos regionais associados ao aquecimento global. Para além dos impactos locais, a alteração da ocupação do solo tropical pode potencialmente afetar climas extra-tropicais e condições oceânicas próximas através de teleconexões atmosféricas (Feddema *et. al.*, 2005).

A ocupação do solo está ligada ao clima e a outras alterações ambientais de formas complexas, como a troca de gases com efeito de estufa entre as plantas e os solos e a atmosfera. Os efeitos das alterações na ocupação do solo são sentidos no equilíbrio térmico da Terra e nos impactos da alteração das condições ambientais nos ecossistemas terrestres e na biodiversidade. As alterações passadas da ocupação do solo são importantes para compreender a variabilidade e as alterações climáticas passadas e as projecções das futuras alterações da ocupação do solo são necessárias para modelar as futuras alterações climáticas. As alterações na ocupação do solo afectam os ecossistemas, a biodiversidade, a produtividade agrícola e outros bens e serviços de valor para a sociedade.

A biodiversidade é frequentemente reduzida de forma dramática pela alteração dos LULC. Quando a terra passa de uma floresta primária para uma exploração agrícola, a perda de espécies florestais nas áreas desflorestadas é imediata e total. Mesmo quando não são acompanhadas por alterações aparentes na ocupação do solo, observam-se efeitos semelhantes sempre que terras relativamente pouco perturbadas são transformadas em utilizações mais intensivas, incluindo o pastoreio de gado, o corte seletivo de árvores e até a prevenção de incêndios. A adequação do habitat das florestas e de outros ecossistemas circundantes aos que são objeto de utilização intensiva também é afetada pela fragmentação do habitat existente em partes mais pequenas (fragmentação do habitat), o que expõe as extremidades da floresta a influências externas e diminui a área do habitat principal. As áreas de habitat mais pequenas suportam geralmente menos espécies (biogeografia insular) e, para as espécies que necessitam de um habitat central não perturbado, a fragmentação pode causar a extinção local e mesmo geral. A investigação também demonstra que as invasões de espécies por plantas, animais e doenças não nativas podem ocorrer mais facilmente em áreas expostas por LULCC, especialmente na proximidade de povoações humanas.

As alterações nas LULC são importantes factores de poluição da água, do solo e do ar. Talvez a mais antiga delas seja a limpeza de terras para a agricultura e a colheita de árvores e outra biomassa. A remoção da vegetação deixa os solos vulneráveis a aumentos maciços da erosão do solo pelo vento e pela água. Este fenómeno não só degrada a fertilidade do solo ao longo do tempo, reduzindo a aptidão das terras para uma futura utilização agrícola, como também liberta enormes quantidades de fósforo, azoto e sedimentos para os cursos de água e outros ecossistemas aquáticos, causando uma série de impactos negativos (aumento da sedimentação, turbidez, eutrofização e hipóxia costeira). A extração mineira pode produzir impactos ainda maiores, incluindo a poluição por metais tóxicos expostos durante o processo. As práticas agrícolas modernas, que incluem a utilização intensiva de adubos azotados e fosfatados e a concentração do gado e dos seus estrumes em pequenas áreas, aumentaram substancialmente a poluição das águas superficiais por escoamento superficial e erosão e a poluição das águas subterrâneas por lixiviação do excesso de azoto (sob a forma de nitrato). Outros produtos químicos agrícolas, incluindo herbicidas e pesticidas, são também libertados para as águas subterrâneas e superficiais pela agricultura e, em alguns casos, permanecem como contaminantes no solo. A queima de biomassa vegetal para limpar campos agrícolas (resíduos de culturas, ervas daninhas) continua a ser um potente fator de poluição atmosférica regional, onde quer que ocorra.

Outros impactos ambientais das alterações das LULC incluem a destruição do ozono estratosférico pela libertação de óxido nitroso das terras agrícolas e a alteração da hidrologia regional e local (construção de barragens, drenagem de zonas húmidas, projectos de irrigação, aumento das superfícies impermeáveis nas zonas urbanas). Talvez a questão mais importante para a maior parte da população humana da Terra seja a ameaça a longo prazo à produção futura de alimentos e de outros bens essenciais, devido à transformação de terras produtivas em utilizações não produtivas, como a conversão de terras agrícolas em terras residenciais e a degradação das pastagens devido ao sobrepastoreio.

Na atual área de investigação, a utilização e a ocupação do solo estão a mudar. Tal deve-se principalmente ao aumento da população humana, à desflorestação e à colonização. Durante as últimas três décadas, muitos terrenos florestais naturais foram convertidos em terrenos para construção e agricultura. Especialmente os terrenos florestais estão a diminuir de dia para dia nos blocos de Ausgram. As terras agrícolas recém-recuperadas da floresta e dos corpos de água são subutilizadas devido à falta de recursos hídricos. A crescente taxa de erosão do solo, bem como a fraca fertilidade do solo, tornam a situação agrícola da região ainda mais pobre de dia para dia. A topografia ondulante da região contribui para agravar os aspectos negativos da região. Um estudo exaustivo da utilização do solo e da sua alteração ao longo do tempo é muito importante e muito necessário para a atual região de estudo. É também necessário um estudo sobre a forma como os recursos hídricos estão a restringir a expansão e a intensificação das actividades agrícolas da região. O estado nutricional do solo da região é pobre para as culturas tradicionais, mas mesmo assim os agricultores locais continuam a cultivar as culturas que exigem muita água, como o arroz, etc. É necessária uma investigação para avaliar se, com os recursos geomórficos, os recursos hídricos e a fertilidade atualmente disponíveis, é possível ou não qualquer outra cultura mais rentável.

Capítulo 2

CARACTERIZAÇÃO DOS RECURSOS GEOMÓRFICOS E ESTUDOS LULC: - ESTUDOS PASSADOS E ACTUAIS

A geomorfologia é a disciplina que estuda as formas de relevo, a sua origem e distribuição. É uma ciência que lida com descobertas e experiências científicas centradas na expansão das escalas de preocupação tanto no tempo como no espaço (Hironi, 1991). O estudo da forma da superfície pode ser o principal aspeto da geomorfologia, mas quase todas as actividades e desenvolvimentos antropogénicos são determinados ou modificados em grande medida com base na morfologia da superfície de qualquer região; assim, o papel da geomorfologia no desenvolvimento humano tem vindo a ganhar importância nas últimas décadas. As distribuições espaciais e temporais dos impactos humanos na paisagem têm sido heterogéneas e os principais efeitos geomórficos têm sido causados principalmente pela remoção de florestas e por culturas baseadas no declive. O uso do solo e a ocupação do solo (LULC) de qualquer região são diretamente modificados pelo estado geomórfico da superfície terrestre. O LULC é ainda modificado pela natureza e disponibilidade de recursos hídricos em qualquer região.

Nesta secção, foram realizados trabalhos de revisão para avaliar a estreita interação das condições morfométricas e dos recursos hídricos na formação do LULC de qualquer região. A presente análise divide-se em três partes. A primeira parte trata da avaliação de estudos anteriores sobre a importância da análise dos recursos geomórficos. A segunda parte tratará dos estudos anteriores sobre a compreensão da análise da ocupação do solo existente e a última parte procurará estudos sobre a identificação de áreas com stress hídrico e a sua importância para o LULC da região. Foram feitos esforços para avaliar criticamente e concluir a estreita interação e inter-relação entre estes atributos. Os estudos mundiais em geral e os estudos indianos em particular são analisados na presente secção.

2.1 Estudos Geomórficos: Uma perspetiva histórica

Desde a antiguidade até aos nossos dias, as formas de relevo e o seu estudo têm sido objeto de grande interesse para os investigadores. Heródoto (século IV a.C.), Aristóteles (384 - 322 a.C.), Estrabão (54 a.C. - 25 d.C.), Séneca (1 a.C. - 65 d.C.) são alguns dos nomes eminentes que merecem ser mencionados como os antigos pioneiros do estudo das formas de relevo.

Os fundamentos básicos da geomorfologia foram lançados na América na segunda metade do século XIX pelo Major J.W. Powell, 1834-1902; Dutton, 1841-1912; e Gilbert 1843-1918. Os estudos de Powell na montanha Unita enfatizaram a importância da estrutura geológica na classificação das formas de relevo. Introduziu também o conceito de nível limite para o qual o nível do terreno se reduziria e chamou-lhe "nível de base"

(Garde, 2005). O Coronel George Greenwood já tinha utilizado este conceito na Europa em 1857. Powell reconheceu que o processo de erosão, se não fosse perturbado na terra, acabaria por reduzi-la a um nível pouco acima do nível do mar. Foi capaz de interpretar corretamente que várias inconformidades nas rochas do Grand Canyon, Colorado (EUA), correspondem a períodos antigos de erosão da terra (Garde, 2005).

A contribuição de Gilbert (1914) no trabalho experimental efectuado na Califórnia foi pioneira no estudo da exploração mineira hidráulica e do seu efeito na morfologia dos cursos de água. Os seus outros contributos incluem o reconhecimento da importância do aplanamento lateral pelos cursos de água no desenvolvimento dos vales e a sua explicação de que as Montanhas Henry do Utah (EUA) eram o produto resultante da erosão de corpos intrusivos. Dutton fez uma análise penetrante de cada forma de relevo. Atribui-se a Gilbert e a Dutton o mérito de terem iniciado o conceito de descarga erosiva da crosta terrestre, tecnicamente conhecido como isostasia (Garde, 2005). Davis (1850-1934) teve um impacto maior do que qualquer outro no desenvolvimento da geomorfologia. De todos os contributos para a geomorfologia, Davis é recordado por ter introduzido o conceito de 'Ciclo Geomórfico'. De acordo com este conceito, a evolução da paisagem é uma sequência sistemática que permite reconhecer as fases de desenvolvimento das formas de relevo. As sequências são designadas por ele como fases de desenvolvimento da juventude, maturidade e velhice. Estas formas de relevo são explicáveis em termos de diferenças nas estruturas geológicas, nos processos geomórficos e nas fases de desenvolvimento. Penck (1953) e os seus seguidores questionaram a ideia de ciclo geomórfico de Davis durante as décadas de 1920 e 30. Apesar destas objecções, o ciclo geomórfico de Davis continua a ser considerado um modelo razoável, principalmente devido à ausência de uma alternativa plausível (Garde, 2005). O modelo Davisiano de desenvolvimento da drenagem conduz à criação de um novo paradigma de estudo geomórfico de qualquer região.

Desde o final da Segunda Guerra Mundial, um grande número de aspectos da morfologia fluvial foram ou estão a ser estudados. Estes incluem a geometria do canal, a modelação matemática, o efeito da neo-tectónica e dos movimentos de massa na morfologia do canal e no sistema fluvial. A morfologia fluvial experimental, os efeitos paleoclimáticos e paleohidrológicos foram outro paradigma da geomorfologia fluvial. Os cientistas que trabalham no U.S. Geological Survey estudaram a morfologia a curto prazo dos canais fluviais. Langbein (1947), Leopold *et. al.* (1964), Weaver (1987) estudaram o sistema fluvial e efectuaram várias experiências em laboratório para estudar a morfologia dos rios. Allen (1978) efectuou trabalhos extensos sobre as caraterísticas e a classificação das formas do leito e das estruturas sedimentares no que diz respeito a deltas, meandros e planícies de inundação. Muitos investigadores, incluindo Gregory, Lewin, Baker e Starkel (Garde, 2005), estudaram os efeitos paleoclimáticos e paleohidrológicos nos canais fluviais. Os geógrafos do Reino Unido deram um impulso à investigação em rios de leito de cascalho e estes trabalhos estão agora a ser prosseguidos no Canadá, nos EUA e na Nova Zelândia (Garde, 2005). A maior parte das investigações foi efectuada principalmente durante os levantamentos de campo. Na segunda metade do século XIX, foram utilizados diferentes tipos de mapas temáticos para investigar a geomorfologia fluvial.

As cartas topográficas eram utilizadas intensivamente e deram um impulso às investigações geomorfológicas. Em 1873, Sonclar determinou doze valores caraterísticos para cada uma de várias cadeias de montanhas. O mais notável é a altitude média relativa das linhas de cumeada. O seu exemplo foi seguido em 1886 por Neumann que, ao efetuar um estudo detalhado das montanhas Schwarzwald, calculou, entre outros parâmetros, sete valores caraterísticos para cada um de um grande número de vales. A partir de uma comparação entre os montes Schwarzwald, os montes Thuringerwald e os Alpes Calcários do Norte e do Leste, constatou que o nivelamento no antigo maciço hercínico se encontrava numa fase muito mais avançada (Baulig, 1959).

Martonne (1926) trabalhou durante mais de um ano na determinação da altitude média de França e das suas principais regiões geográficas. Os cálculos morfométricos foram utilizados como base para a identificação regional. Entre 1918 e 1938, foram efectuados vários trabalhos sobre os Alpes franceses, calculando os índices morfométricos e o coeficiente de escultura para o relevo da montanha (Zavoianu, 1985).

A explicação genética dos fenómenos hidrológicos beneficiou consideravelmente com a introdução do sistema de classificação das redes de canais proposto por Horton (1945) e com o estabelecimento de leis de desenvolvimento das redes fluviais. Uma formação matemática aprofundada e um domínio teórico permitiram a Horton chegar a um certo número de relações matemáticas válidas. Horton resumiu os seus resultados em quatro leis: a lei do número de cursos de água, a lei do comprimento dos cursos de água, a capacidade de infiltração limite e a relação escoamento-detenção-armazenamento. Mostrou que o fator mais importante para a erosão aquosa era o comprimento mínimo de escoamento superficial necessário para produzir escoamento suficiente para iniciar a erosão

O desenvolvimento do vale do rio foi outra questão há muito debatida pelos cientistas. No século XVIII, Neptunits propôs uma teoria muito rudimentar da erosão que invoca grandes inundações (Davi, 2000). Mas no século XIX, as teorias plutonistas tentaram provar que as fissuras superiores durante a elevação da montanha foram modificadas pela água para formar vales. As forças da meteorização e da degradação ganharam vantagem para as modificar (Hettner, 1928). No entanto, ambas as teorias de Hutton e Hettner foram rejeitadas por Lyell (1872), que considerou as caraterísticas como produtos da ação marinha. Em Inglaterra, Greenwood (1857) e Jukes (1862) defenderam a ideia de que os vales tinham sido esculpidos pelos rios que os ocupam, num processo que se prolongou por milhares de anos (Hettner, 1928).

A análise completa do desenvolvimento da rede fluvial e o estudo morfométrico seguem o esquema de Chorley (1967) de análise da bacia de drenagem. No entanto, os impactos de alguns outros modelos (Horton, 1932; Langbein, 1947; Strahler, 1964) são também visíveis na investigação de Chorley. Horton definiu a ordem dos cursos de água e discutiu a relação entre a ordem dos cursos de água, o número de cursos de água e o comprimento dos cursos de água. O tema da geomorfologia fluvial foi substancialmente enriquecido pelos trabalhos de numerosos investigadores americanos, entre os quais Strahler (1952, b, 1953, 1956, 1957, 1958, 1964, 1966), Schumm (1954, 1956, 1977, 1979), Maxwell (1955, 1960), Hack (1957), Melton (l957, 1958a, b, 1960), Morisawa (1957, 1958, 1959, 1962, 1967, 1968), Leopold, *et. al,* (1964), Bowden e Wallis (1964, 1966), Shreve (1966, 1967, 1969) e Smart (1968a, b, 1969) são dignos de menção.

O sistema de classificação do relevo desenvolvido por Horton foi aplicado na Roménia à caraterização da rede fluvial entre os rios Ialomita e Trotug, para a qual, para além de outras caraterísticas morfométricas, foi estabelecida uma dependência do caudal médio plurianual (calculado a partir de dados que abrangem um período de vários anos) da dimensão do rio em vários sectores (Platagea *et. al.*, 1963).

Hutton (1932) foi o homem que lançou as bases do estudo científico das formas de relevo originadas por diferentes processos geomórficos. Os seus trabalhos foram alargados por Playfair, Charles Lyell, Powell, Gilbert e Dutton. Estes trabalharam principalmente em modificações geológicas da morfometria (Pande, 1990). Davis e os seus contemporâneos prestaram especial atenção ao estudo dos rios e do desenvolvimento dos vales devido à sua importância no desenvolvimento das formas de relevo

A classificação geométrica e a avaliação das formas de relevo fluvial podem ser tentadas através da seleção de uma unidade de área que exprima todos os atributos do terreno. As regiões fisiográficas (Fenneman, 1914) e os átomos fisiográficos (Wooldridge, 1932; Savigear, 1965) são exemplos dessas unidades satisfatórias. Tanto Playfair como Davis consideraram a bacia de drenagem como a unidade mais satisfatória para a evolução do relevo. De acordo com Davis, uma bacia de drenagem, com os seus afluentes primários, secundários e terciários, apresenta uma estrutura semelhante a uma folha. No entanto, foi Horton (1932) quem primeiro patrocinou o estudo de uma bacia de drenagem como unidade geomórfica. Posteriormente, Strahler (1958), adoptando a terminologia de Horton, fez contribuições notáveis para o estudo das bacias de drenagem.

Uma descrição sistemática da geometria de uma bacia de drenagem e do seu sistema de canais de escoamento exige a medição das propriedades lineares, das propriedades da área e das propriedades do relevo da bacia de drenagem. Enquanto as duas primeiras categorias de medição são planimétricas, a terceira categoria trata das desigualdades verticais das formas da bacia de drenagem (Strahler, 1958). Jha (1996) considerou a bacia de drenagem como uma unidade de estudo e incluiu a morfologia da bacia, a morfologia do terreno, o relevo e a drenagem para a evolução morfológica da bacia de drenagem do Ramganga dos Himalaias.

O estudo da análise quantitativa da rede de drenagem avançou e registou grandes progressos nos Estados Unidos e nos países europeus num curto período de tempo estipulado nas últimas três décadas. Contrariamente a isso, o seu progresso permanece comparativamente lento no nosso país. Os estudos de geomorfólogos indianos como Varma (1957); Singh (1961); Bose (1961); West (1962, 1964); Das *et. al.* (1964); Sen (1965); Chaubey (1966, 1967); Desai (1968); Ahmed (1968); Sharma (1969, 1970, 1981); Mukhopadhyay (1969, 1974); Dutt (1970); Kherkwal (1970); Rai (1971); Bandhopadhyay (1972); Mukerjee (1975); Padmaja (1975) e Singh (1977) são dignos de menção.

Nanshan (1987) forneceu os termos "entropia geomórfica" e "entropia de superação", e considerou os termos como índices quantitativos para as fases de crescimento e estabilidade. O desenvolvimento de formas de drenagem é o resultado da erosão, transporte e acumulação de objectos do solo.

Merlin (1965) publicou estudos sobre os métodos utilizados e os resultados obtidos na análise morfométrica de vários maciços do Norte de África, utilizando curvas hipsográficas e altitudes médias. Também rev iveu o método dos perfis decimais utilizado por Jovanovib, com base no qual calculou e analisou criticamente uma série de índices de durabilidade média calculados para várias formações geológicas.

Podemos classificar os principais trabalhos do século XIX no domínio da Geomorfologia Fluvial na tabela seguinte.

Tabela: 1

Desenvolvimento da Geomorfologia Fluvial no Século XIX

Fenómeno	Autores	Ano
Fluvial		
Movimento de sedimentos fluviais	Gilbert	1914
Knickpoints	Lewis	1944
Meandros	Friedkin	1945
Redes	Schumm	1977
Padrões de canais	Schumm e Khan	1971
Erosão por escoamento superficial	Moss e Walker	1978

Confluências	Melhor	1986
Chuvisco	Noble e Morgan	1983
	Encostas	
Geada	Taber	1930
Ângulo de repouso	Van Burkalow	1945
Ângulo de atrito de deslizamento	Van Burkalow	1945
Liquefação	De Ploey	1971
Telas	Statham	1973
Drenagem	Anderson e Burt	1977
Traçagem de corantes e permeabilidade	Anderson e Burt	1978
Lixiviação	Trudgill et al.	1984

Fonte: Goudie Andrew, et. al., 1990

O estudo da evolução da paisagem depende da compreensão dos processos geomórficos actuais, das suas taxas, das ligações entre as componentes erosivas e deposicionais e da comparação das alterações espaciais e temporais e da avaliação dos registos estratigráficos. Os Simpósios de Binghamton (maio de 1980) concentraram-se em 'Espaço e Tempo em Geomorfologia'. A importância dos estudos de processos reside, como salientou Johnson (1982), na compreensão da mecânica e controlo dos processos geomórficos e na variabilidade e comportamento a curto prazo dos sistemas geomórficos e formas de relevo. As respostas dos processos podem ser captadas espacialmente através da identificação de diferentes formas de relevo ou unidades de terreno. Mabbutt (1968) e Gardiner (1976) salientaram a terra como um produto final de interações ecológicas complexas. Moss (1981, 1983) propôs métodos de classificação de terrenos através da incorporação de dados processados. A abordagem de classificação do sistema terrestre foi adoptada pela CSIRO, Austrália, e a abordagem do sistema terrestre foi incorporada nos estudos de processos geomórficos (Chattopadhyay et. al., 1998; Meijerink, 1988). Como o estudo do processo está relacionado com a abordagem do sistema dinâmico, é necessário investigar no âmbito de uma bacia hidrográfica que recolhe, concentra e coordena o movimento da água e dos sedimentos. Gregory (1976) analisou os estudos de bacias de drenagem desde 1700 e identificou sete abordagens: morfometria (espacial e topológica), caraterísticas da bacia, padrão do canal, geometria do canal, teoria, dinâmica e estudos paleo. Desde a análise morfométrica de Horton (1945) até à ênfase dada por Chorley (1962) e Schumm (1977) à paleo-hidrologia e à metamorfose dos rios e dos canais fluviais, a principal preocupação era compreender a variação dos processos de produção de água e de sedimentos ao longo do tempo e os efeitos dos processos sobre as formas de relevo no presente, no passado e também prever o futuro.

2.1.1. Desenvolvimento dos estudos geomórficos na Índia

Na Índia, os geólogos devem ser reconhecidos por terem iniciado a investigação em geomorfologia. Os trabalhos de Dunn (1929), Wadia (1937), Chatterjee (1945), Radhakrishna (1952), Krishnan (1953), Auden (1954), Arogyaswamy (1967) são dignos de nota. Geógrafos como Bagchi (1960) e Chibber (1953) foram pioneiros em trabalhos de geomorfologia.

Os estudos geomorfológicos relativos às terras altas de Chotanagpur foram, em geral, iniciados por geólogos e geógrafos. Informações geológicas pormenorizadas foram registadas por geólogos eminentes, nomeadamente Oldham (1893), Fox (1930, 1931, 1934), Gee (1932), Pascoe (1950), Krishanan (1953, 1956) e Wadia (1975).

Inicialmente, Dunn (1939) interpretou a evolução das quatro superfícies de erosão no planalto de Chotanagpur. Afirmou que os levantamentos eram a causa principal das diferentes superfícies de erosão e apoiou os seus trabalhos seguintes em 1941 e 1942. Na sua opinião, as diferentes superfícies de erosão da região são peniplanos elevados durante os movimentos dos Himalaias.

Chatterji (1945) discutiu alguns aspectos da geomorfologia do Planalto de Ranchi. (1946) traçou a avaliação fisiográfica do planalto de Chotanagpur. Contrariou a teoria da elevação de Dunn e propôs uma teoria da erosão diferencial para a interpretação geomórfica da região de Pat. Singh (1956) foi galardoado com o grau de doutor pela Universidade de Londres pelo seu trabalho seminal sobre a evolução geomorfológica das terras altas do planalto de Chotanagpur e do distrito adjacente em Bihar. (1957) traçou a estrutura, as fases de drenagem e a morfologia das terras altas de Chotanagpur. Singh (1970) fez um excelente tratamento da topografia e das cidades nas terras altas de Chotanagar, descrevendo a importância das rochas e da superfície na distribuição das povoações urbanas. Ahmed e Debi (1965) traçaram a evolução das escarpas do planalto de Chotanagpur. Prasad (1965) apresentou um excelente trabalho sobre a paisagem física do planalto de Chotanagpur. O artigo, acompanhado de um mapa, apresenta uma descrição pormenorizada das unidades regionais do planalto de Chotanagpur. Prasad (1971) preparou uma bibliografia sobre a geomorfologia do planalto de Chotanagpur. Apresentou vários trabalhos (1973, 1974, 1977, 1979 e 1980) que são considerados contribuições importantes no domínio da geomorfologia. Satpathi (1970, 1972 e 1973) apresentou um esboço geral da geomorfologia de Singhbum através da análise quantitativa do relevo, com especial referência à bacia do rio Deo, Singhbhum. Satpathi também (1975, 1976) discutiu o ciclo paisagístico de Singhbhum e efectuou um estudo único e sistemático dos mecanismos de meandro, da geometria dos meandros e dos índices de sinuosidade dos principais rios de Singhbum. Gupta (2004) publicou um livro sobre a Geomorfologia da Bacia de Damodar; neste livro, fez a evolução do sistema de drenagem, análise morfométrica e modelos de evolução da paisagem.

Mache e Peshwa (1978) fizeram uma interessante interpretação foto-geológica dos controlos da drenagem em Gondwana e Bijawaras do Vale do Filho, Distrito de Shahdol, Madhya Pradesh. Davi (2000) publicou um livro sobre a morfologia das bacias hidrográficas. Neste b ook ela abordou vários aspectos da análise geomórfica quantitativa. É bem sabido que os processos hidrológicos são influenciados por propriedades geomórficas como o declive e a densidade de drenagem (Gregory *et. al*, 1973; Rodriguez-Iturbe *et. al.*, 1979; Sharma *et. al.*, 1996). Existem algumas abordagens que quantificam estas relações através de parâmetros da bacia de drenagem (Babar, 1998; Balasundram, 1977; Bhattacharya, 1996; Kale *et. al*, 1994; Moore *et. al*, 1991 e Singh, 1981) e de modelos de simulação como o hidrograma unitário (Bloschl *et. al*, 1995; Moore *et. al.*, 1991 e Tarboton 1997). No entanto, uma quantificação geral destes efeitos é ainda uma tarefa de investigação. Avanços recentes na análise da morfometria do relevo através da disponibilidade de Modelos Digitais de Elevação (DEMs) de alta resolução, técnicas poderosas de Sistemas de Informação Geográfica (GIS) (Lawrence, 1985; Tarboton, 1997 e Tarboton *et. al.*, 1991) e aplicações de Deteção Remota (Sharma *et. al.*, 1992 e Tiwari *et. al.*, 1996; Babar 2001, 2002a, b) aumentaram os esforços de investigação.

No início da década de 1930, não era invulgar que regiões inteiras fossem consideradas num único documento (por exemplo, Mackin, 1936), ao passo que, mais recentemente, na geomorfologia fluvial, por exemplo, as formas de relevo são consideradas apenas à escala de uma bacia de drenagem (Chorley, 1969). A uma escala muito mais pequena, por exemplo, foram também identificadas diferenças entre os processos que operam em segmentos individuais de encostas (Anderson *et. al.*, 1977). Hunday *et al.* (1967) traçaram a evolução geomorfológica da parte oriental da Índia. Chakraborty (1970) tratou de alguns problemas da evolução do Delta de Bengala. Sengupta (1972) analisou a geomorfologia da bacia do rio Bhagirathi-Hooghly.

A análise da bacia de drenagem continua a ser uma importante unidade de investigação em qualquer estudo hidrológico, como a avaliação do potencial das águas subterrâneas e a gestão das águas subterrâneas. Os hidrólogos e os geomorfólogos reconheceram que certas relações são muito importantes entre as caraterísticas do escoamento superficial e as caraterísticas geográficas e geomórficas do sistema de bacias de drenagem. Vários fenómenos hidrológicos importantes podem ser correlacionados com as caraterísticas fisiográficas das bacias de drenagem, tais como o tamanho, a forma, o declive, a densidade de drenagem e o comprimento dos tributários, etc. (Rastogi *et. al.*, 1976).

Os estudos geomorfológicos quantitativos chegaram tarde à Índia. Singh (1990) estudou a geomorfologia da bacia do Tawi e concluiu que a bacia foi afetada por eventos tectónicos intermitentes desde o Terciário até ao Pleistoceno e que as suas marcas são evidentes na morfologia da superfície. A região também foi palco de glaciações do

Pleistoceno, que desempenharam um papel significativo na modelação das formas geomórficas da bacia.

Com o avanço do conhecimento e da tecnologia, a metodologia de estudos de relevo foi alterada. As mudanças são perceptíveis mesmo no estudo da escala das formas de relevo que estão a ser examinadas. Isto deve-se em parte ao facto de os processos e as formas estarem mais bem relacionados e serem estudados a escalas mais pequenas. A cobertura sinóptica e a elevada precisão dos dados obtidos por teledeteção, aliadas a uma grande eficácia em termos de custos e de tempo na aquisição de dados e nos procedimentos de análise, tornaram a cartografia geomorfológica um instrumento extremamente eficaz para a gestão dos recursos naturais e do ambiente (Srinivasan, 1998). A cartografia geomorfológica detalhada é um dos principais meios de estudar a morfologia, a génese, a distribuição e a idade das formas, o que, por sua vez, ajuda a interpretar a história geomórfica de qualquer paisagem evoluída (Blarzcsynski, 1997). O software SIG sofisticado permite a investigação de processos geográficos e oferece uma nova abordagem à análise de problemas. No entanto, ainda surgem ocasionalmente publicações sobre problemas e processos geomorfológicos mais facilmente resolvidos por software SIG e bases de dados (Telbisz, 1999). São necessários mais estudos neste domínio da investigação geomorfológica.

2.2 Estudos de ocupação do solo: Uma Perspetiva Histórica

Segundo de Sherbinin (2002), o uso do solo é o termo utilizado para descrever as utilizações humanas do solo ou as acções imediatas que modificam ou convertem os cobertos vegetais. Por outro lado, a cobertura do solo refere-se aos tipos de cobertura vegetal natural que se caracterizam numa determinada área. A alteração do uso do solo é a causa próxima da alteração do coberto vegetal. As forças motrizes desta atividade podem ser factores económicos, tecnológicos, demográficos, paisagísticos ou outros. Assim, a dinâmica da ocupação do solo é o resultado de interações complexas entre várias condições biofísicas e socioeconómicas que podem ocorrer a várias escalas temporais e espaciais (Reid *et. al.,* 2000). A ocupação do solo é um parâmetro fundamental que descreve a superfície terrestre. Este parâmetro tem impactos consideráveis e liga muitas partes do ambiente humano e físico (Foody, 2002).

A deteção de alterações é útil em muitas aplicações relacionadas com as alterações do uso do solo e da ocupação do solo (LULC), tais como o cultivo itinerante e as alterações da paisagem (Imbernon, 1999; Serra et.al., 2008), a degradação do solo e a desertificação (Adamo et.al.,2006; Gao & Liu, 2010), alterações costeiras e expansão urbana (Shalaby & Tateishi, 2007), alteração do padrão da paisagem urbana (Batisani & Yarnal, 2009; Dewan & Yamaguchi, 2009; Long-qian et. al,. 2009), desflorestação (Schulz et.al., 2010; Wyman et.al., 2010), actividades de exploração de pedreiras (Mouflis et.al., 2008) e fragmentação da paisagem e do habitat e outras alterações cumulativas (Munroe et.al., 2005; Nagendra et.al., 2006). A informação contínua, histórica e precisa sobre as alterações do LULC da superfície terrestre é extremamente importante para qualquer tipo de programa de desenvolvimento sustentável, no qual o LULC serve como um dos principais critérios de entrada. Assim, analisar e mapear tanto a situação atual do LULC, como as mudanças no LULC ao longo do tempo é reconhecido como um parâmetro importante para melhor compreender e fornecer soluções para muitos problemas sociais, económicos e ambientais (Das, 2009; Lu et.al., 2004; Pelorosso et.al., 2009).

A deteção remota por satélite é a fonte de dados mais comum para a deteção, quantificação e mapeamento de padrões e alterações de LULC devido ao seu formato digital de aquisição de dados repetitivos, que é adequado para o processamento informático e procedimentos de referência precisos (Chen et.a., 2005; Jensen, 1996; Lu *et. al.*, 2004). A deteção e monitorização de alterações por deteção remota envolve a utilização de várias imagens com várias datas para avaliar as diferenças que ocorrem nas LULC entre as datas de aquisição das imagens, devido a várias condições ambientais e acções humanas (Singh, 1989). A utilização bem sucedida da teledeteção por satélite para a deteção de alterações LULC depende de uma compreensão adequada das caraterísticas da paisagem, dos sistemas de imagem e da metodologia utilizada em relação ao objetivo da análise (Yang & Lo, 2002).

Foram desenvolvidas e utilizadas muitas técnicas de deteção de alterações para monitorizar as alterações na LULC a partir de dados de deteção remota, tais como a comparação pós-classificação (PCC), a diferenciação de imagens, a análise de componentes principais e a diferenciação de índices de vegetação (Lu et. al., 2004). O método PCC, que é reconhecido como a técnica de deteção de alterações mais precisa, detecta alterações na ocupação do solo através da comparação de classificações produzidas independentemente de imagens de diferentes datas (Singh, 1989; Yuan, Elvidge, & Lunetta, 1998). Utilizando o método PCC, os problemas associados a imagens multitemporais registadas sob diferentes condições atmosféricas e ambientais foram reduzidos. Os dados de diferentes datas são classificados separadamente e, por conseguinte, os dados de reflectância de várias datas não necessitam de ajustamento para comparabilidade direta (Coppin et.al., 2004; Rivera, 2005; Singh, 1989; Warner & Campagna, 2009; Zhou et.al., 2008). O método PCC tem também a vantagem adicional de indicar a natureza da mudança (Mas, 1999; Yuan et.al., 2005).

Existem atualmente numerosos programas de satélite em funcionamento. Para estudos de deteção de alterações, o programa Landsat é único porque fornece um registo histórico e contínuo de imagens. As imagens Landsat podem ser processadas para representar a cobertura do solo em grandes áreas e durante longos períodos de tempo, o que é único e absolutamente indispensável para a monitorização, cartografia e gestão de LULC (Wulder et. al., 2008). Vários estudos tentaram utilizar os dados Landsat para analisar as alterações do LULC, alguns dos quais incidiram em regiões semi-áridas e áridas. Por exemplo, Shalaby e Tateishi (2007) identificaram os tipos de LULC na zona costeira do Egito a partir de imagens Landsat. Verificou-se que a utilização de uma combinação de técnicas de classificação supervisionada e de análise de interpretação visual aumentava a exatidão global da classificação em cerca de 10%. Gao e Liu (2010) analisaram digitalmente duas imagens Landsat registadas com um intervalo de 10 anos e detectaram uma tendência a longo prazo de degradação dos solos causada pelo alagamento e pela salinização dos solos no nordeste da China. Bakr *et. al,* (2010) utilizaram cinco imagens Landsat para monitorizar as alterações da cobertura do solo de 1984 a 2008 numa área recentemente recuperada no Egito, utilizando uma abordagem híbrida de classificação não supervisionada e supervisionada, para além da utilização do índice de vegetação de diferença normalizada (NDVI).

A cartografia da ocupação do solo tem registado um grande desenvolvimento nos últimos anos. Os avanços na tecnologia dos sensores (Lawrence *et. al,* 2006; Wiesmann *et. al.,* 2005; Friedl *et. al.,* 2002; Masek *et. al.,* 2001) provocaram um aumento da quantidade de dados adquiridos. O aumento da capacidade de computação (Holland *et. al.,* 2006) permitiu que esta informação fosse processada mais rapidamente, ao passo que novos métodos analíticos (Amarsaikhan *et. al.,* 2007; Bork & Su, 2007; Nguyen *et. al.,* 2006) nos permitiram produzir mapas de ocupação do solo mais rapidamente, a baixo custo e com maior exatidão.

A classificação das diferentes regiões de ocupação do solo nas imagens de teledeteção é essencial para uma interpretação eficaz das mesmas. Normalmente, as imagens obtidas a partir de câmaras montadas em satélites sofrem de muitos problemas, incluindo a baixa qualidade da iluminação e as rápidas alterações das condições ambientais. Além disso, muitas vezes a resolução espacial não é muito elevada. Este facto torna a análise das imagens de deteção remota mais complexa e difícil. Basicamente, as regiões de uma cena natural, como a vegetação, o solo, a massa de água, a estrutura de betão, etc., não estão muitas vezes bem separadas, o que leva à sobreposição de regiões. Além disso, o valor de cinzento atribuído a um pixel é uma reflectância média de diferentes tipos de classes de ocupação do solo presentes na área correspondente do pixel. Por conseguinte, um pixel pode representar mais do que uma classe com um grau de pertença variável. Assim, a atribuição de uma etiqueta de classe única a um pixel com certeza é um problema difícil. Os métodos convencionais (nomeadamente os métodos não difusos) não conseguem lidar com a informação imprecisa. Para melhorar a representação, é utilizada uma abordagem de pertença graduada, como os conjuntos difusos, uma computação flexível, que fornece uma solução eficaz para este problema.

Nos dados obtidos por teledeteção, a análise de textura é utilizada para classificar os tipos de ocupação do solo e as categorias de utilização do solo, como a água, as zonas agrícolas, as zonas montanhosas e as regiões urbanas (Tuceryan e Jain, 1993). A ocupação do solo pode ser classificada com a ajuda da intensidade uniforme da reflectância espetral ou da textura uniforme. As medidas de textura podem ser utilizadas para cartografar os tipos de ocupação do solo e aumentar a precisão da classificação em imagens de satélite de alta e muito alta resolução. A análise da textura com uma resolução mais grosseira (250 m) pode ser efectuada para satisfazer as necessidades da investigação sobre as alterações globais, o alerta precoce de alterações da ocupação do solo induzidas pelo homem, como a urbanização e a desflorestação, a deteção de derrames de petróleo, a proliferação de fitoplâncton e os cortes rasos na floresta boreal (Bucha e Stibig, 2008). O instrumento MODIS (Moderate Resolution Imaging Spectroradiometer) foi planeado para fornecer uma cobertura global com uma resolução de 250 m nas bandas do vermelho e do infravermelho e para captar diariamente imagens com uma resolução espacial de 250 m, 500 m e 1 km, tendo em vista a proteção do nosso ambiente.

A deteção e análise da alteração da ocupação do solo tem sido aplicada com êxito em muitos países e ecossistemas diferentes do mundo, por exemplo, em Can ada (Panet.al.,1999), Estados Unidos da América (Rogan *et. al.*, 2003); Quénia (Serneels & Lambin, 2001); Tailândia (Crews-Meyer, 2004); Camarões (Mertens & Lambin, 1997) ou Madagáscar (Laney, 2004). Foram utilizadas diferentes abordagens de modelização para compreender onde estão a ocorrer as alterações das LULC e para estudar as forças motrizes dessas alterações (Turner II *et. al.*, 1990).

2.3 Estudos de stress hídrico

Uma avaliação recente do ambiente na Europa, efectuada pela Agência Europeia do Ambiente, alerta para a existência de elevados níveis de stress hídrico, ou seja, de pressão sobre a quantidade e/ou a qualidade dos recursos hídricos, em muitos locais da Europa e identifica várias pressões significativas e contínuas sobre os recursos hídricos à escala europeia (Stanners e Bourdeau, 1995). A procura crescente de água nos sectores doméstico, industrial e agrícola conduziu a um aumento das captações e poderá conduzir a captações ainda mais elevadas no futuro. Ao mesmo tempo, as alterações climáticas podem reduzir a disponibilidade de água em alguns locais.

A Agência Ambiental do Reino Unido publicou um relatório (2007), no qual classificou o stress hídrico, o princípio e a causa do stress hídrico. O stress hídrico é uma das principais restrições ambientais que limitam a produtividade das culturas em todo o mundo (Araus *et. al.*, 2002; Boyer, 1982). O Paquistão também enfrenta graves problemas de escassez de água devido a uma precipitação baixa e irregular (menos de 100 mm), o que resultou em grandes perdas de colheitas.

Os recursos hídricos, no seu ciclo hidrológico natural, são explorados para actividades humanas a partir de segmentos de águas superficiais e subterrâneas. As águas superficiais e subterrâneas utilizáveis são desenvolvidas para fins agrícolas, industriais e domésticos. As necessidades agrícolas são muito mais elevadas do que as necessidades combinadas para fins industriais e domésticos.

A fonte final de toda a água é a precipitação. Na Índia, cerca de 97% da precipitação ocorre na estação das monções, que decorre entre julho e setembro. As reservas de água superficial e subterrânea costumavam estar cheias durante os períodos de monção e pós-monção e vão-se esgotando com o tempo. O recurso chega a estar quase esgotado em meados do verão e na pré-monção. Devido à exploração excessiva para actividades multifacetadas, a situação de esgotamento dos recursos hídricos nas últimas décadas é muito mais grave do que nunca. Nos períodos pós-Revolução Verde, as actividades agrícolas na Índia registaram um enorme crescimento. A irrigação tem sido o fator mais crucial para esse crescimento.

As águas subterrâneas são a principal fonte de água doce em muitas partes do mundo. Algumas regiões estão a tornar-se excessivamente dependentes dela, consumindo as águas subterrâneas mais rapidamente do que a sua reposição natural e provocando um declínio constante dos lençóis freáticos. Provas indirectas sugerem que é este o caso no noroeste da Índia. Os dados disponíveis sugerem que o consumo insustentável de águas subterrâneas para irrigação e outras utilizações antropogénicas são provavelmente a causa do stress hídrico. (Rodell, *et. al.*, 2009)

A água subterrânea responde mais lentamente às condições meteorológicas do que as componentes próximas da superfície do ciclo da água terrestre. O seu tempo de residência varia de meses em aquíferos pouco profundos a um milhão ou mais de anos em aquíferos profundos do deserto. Por conseguinte, a água subterrânea pode ser lenta a recuperar de perturbações no seu estado de equilíbrio dinâmico. Em particular, as retiradas podem facilmente ultrapassar a recarga líquida nas regiões áridas e semi-áridas, onde as pessoas dependem da água doce subterrânea para as necessidades domésticas e para a irrigação. Apesar da pressão crescente exercida sobre os recursos hídricos pelo crescimento da população e pelo desenvolvimento económico, as leis que regem os direitos sobre a água subterrânea não mudaram em conformidade, mesmo nos países desenvolvidos. O esgotamento das águas subterrâneas não se limita aos climas secos. A poluição e a má gestão das águas superficiais podem causar uma dependência excessiva das águas subterrâneas em regiões onde a precipitação anual é abundante.

A Índia sofre atualmente de graves carências de água em muitos dos seus Estados. A Índia regista uma média de precipitação de cerca de 120 $cmyr^{-1}$, o que é mais do que qualquer outro país de dimensão comparável, mas a chuva é distribuída de forma desigual. Em Nova Deli, a capital da Índia, a maioria dos habitantes da classe média não dispõe de uma fonte fiável de água potável (Sengupta, 2006). O Banco Mundial alertou para o facto de a Índia estar à beira de uma grave crise de água. A nível nacional, as águas subterrâneas representam cerca de 50-80% da utilização doméstica de água e 45-50% da irrigação. A área total irrigada na Índia quase triplicou para 33.100.000 ha entre 1970 e 1999. No vizinho Paquistão, que é maioritariamente árido, a água subterrânea é essencial para grande parte da agricultura do país. A competição pela preciosa água dos aquíferos transfronteiriços é suscetível de exacerbar as relações já tensas entre as duas nações.

O governo indiano está consciente de que as águas subterrâneas estão a ser retiradas a taxas insustentáveis em algumas áreas e, em 1986, criou uma Autoridade Central para as Águas Subterrâneas com o poder de regular o desenvolvimento das águas subterrâneas. No entanto, tal como noutras nações compostas por soberanias mais pequenas e que englobam interesses concorrentes que se tornaram dependentes de um determinado nível de disponibilidade de água, é difícil implementar uma resposta coordenada e adequadamente rigorosa. As fronteiras políticas e as fronteiras dos aquíferos não se assemelham umas às outras e os próprios aquíferos estão interligados, pelo que as práticas de gestão das águas subterrâneas de um Estado (ou país) podem afetar o seu vizinho. As avaliações holísticas das águas subterrâneas a nível regional seriam úteis para a promoção de políticas adequadas e para a investigação hidrológica, mas tais avaliações são difíceis de realizar com base em estudos de poços, que são tipicamente não sistemáticos.

O Rajastão, o Punjab e o Haryana são regiões semi-áridas a áridas, com uma média anual de precipitação de cerca de 50 cm, e abrangem a parte oriental do deserto de Thar. Na década de 1960, iniciou-se uma expansão agrícola maciça, alimentada em grande parte pelo aumento da produção de água subterrânea para irrigação. As principais culturas são o trigo, o arroz e a cevada. A região é coberta pelo aquífero da planície do rio Indo, uma formação aluvial porosa não confinada a semi confinada com 560 000 km^2 que atravessa a fronteira entre a Índia e o Paquistão.

Na Índia, de acordo com uma estimativa do Conselho Central de Águas Subterrâneas, Governo da Índia (2005), apenas 162 mil milhões de metros cúbicos (BCM)/ano de águas subterrâneas estão disponíveis para irrigação futura, dos quais cerca de 40 BCM/ano estão disponíveis nos estados de cultivo agrícola (estas águas subterrâneas também serão utilizadas para a produção de culturas). A utilização média de água na Índia para os 5,2 milhões de hectares de campos de monção produzidos é de cerca de 104 BCM/ano (20 BCM/m ha/ano). Os satélites Gravity Recovery and Climate Experiment da NASA revelaram um esgotamento mais rápido das reservas de água subterrânea na Índia, especialmente nas regiões norte e noroeste do país (18 BCM/ano) (Shrivastava, *et. al.,2011*).

A expansão maciça dos sistemas de irrigação com poços tubulares do sector privado (no Bangladesh, na Índia e no Paquistão) levou ao rápido esgotamento das águas subterrâneas. Com uma tarifa nula ou insignificante sobre a energia agrícola em alguns estados da Índia (sem custos adicionais para a extração de água extra) e água inadequada nos canais, o cultivo de culturas com elevadas necessidades de água (por exemplo, arroz e cana-de-açúcar) em regiões de baixa pluviosidade levou à sobre-exploração dos recursos hídricos subterrâneos. O esgotamento dos níveis de água subterrânea ao longo dos anos nalguns Estados é evidente. O Painel Intergovernamental sobre as Alterações Climáticas projectou que a temperatura média anual global do ar à superfície deverá aumentar entre 1,8 e 4,0°C até ao final deste século. O aumento das temperaturas associado às alterações climáticas afectará também os recursos hídricos, diminuindo a cobertura de neve e acelerando a taxa de fusão da neve. No cenário de alterações climáticas, o início tardio e/ou incerto da monção do sudoeste terá também um impacto direto não só nas culturas de sequeiro, mas também no armazenamento de água, colocando uma pressão adicional na disponibilidade de água para irrigação. O esgotamento dos recursos hídricos cria condições análogas às da seca. Assim, as variedades que requerem relativamente menos água ou que toleram a seca podem ser uma solução plausível para manter a produtividade das culturas em tais condições. O All India Coordinated Research Project (AICRP) sobre culturas lançou variedades tolerantes à seca/menos exigentes em termos de insumos/para condições de sequeiro/variedades amplamente adaptáveis de culturas com base em ensaios multilocais em diversas condições agro-climáticas. (Shrivastava, *et. al.,2011)*

A distribuição da precipitação na Índia é irregular. De acordo com a quantidade de precipitação recebida, o país pode ser dividido em diferentes zonas. O número de meses de chuva varia de uma zona para outra. A distribuição da precipitação na Índia é irregular. A precipitação anual mais elevada do mundo, de 1141,90 cm, foi registada em Cherrapunji, em Meghalaya. Por outro lado, a parte ocidental do distrito de Jaisalmer, no Rajastão, é uma das zonas mais secas do país, registando cerca de 9 cm de precipitação por ano. (http://www.indianetzone.com/45/rainfall_distribution_india.htm). Assim, é evidente que existe um grande contraste na quantidade de precipitação recebida pelas diferentes partes da Índia. A precipitação total aumenta geralmente para leste e com a altura

Figura: 2.1

Precipitação sazonal na Índia

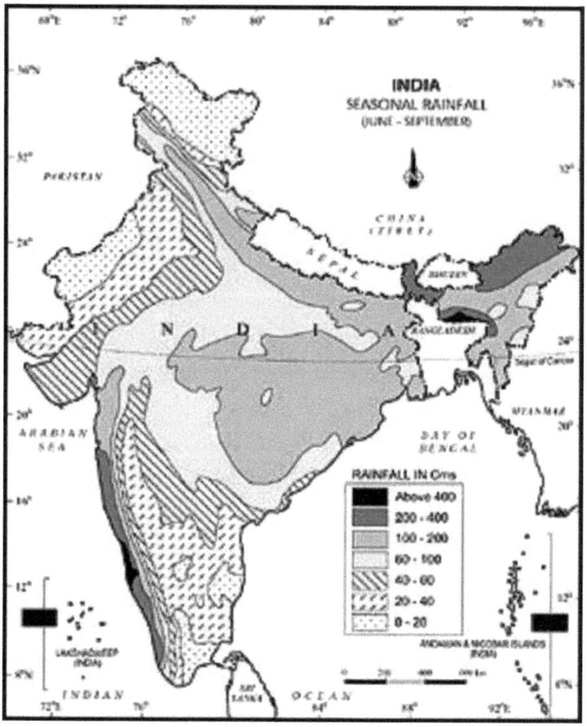

Fonte: http://www.indianetzone.com/45/rainfall_distribution_india.htm

A precipitação é elevada a uma altitude de cerca de 1.500 metros nas montanhas dos Himalaias. As depressões das monções provocam uma precipitação generalizada na parte nordeste do planalto peninsular indiano e na planície do Ganges. É devido a estas depressões que a precipitação é distribuída uniformemente nas regiões do nordeste do país. Na Índia, a temperatura é suficientemente elevada para promover o crescimento das culturas na maior parte dos locais ao longo do ano. No entanto, é a disponibilidade de água que determina, em grande medida, o sucesso das culturas, as zonas de vegetação e os padrões de cultivo. Neste país, cerca de 75 por cento da área total semeada é cultivada com precipitação. Assim, a precipitação anual total, bem como o número de meses chuvosos de uma área, são muito significativos no país.

A topografia é um dos principais factores que controlam a disponibilidade dos recursos hídricos, porque onde a superfície terrestre é plana e a região do delta, haverá mais recursos hídricos superficiais e subterrâneos. Se se tratar de um planalto, é possível que a água superficial esteja presente durante a estação das chuvas, mas noutros períodos a disponibilidade de água superficial e subterrânea será mínima. As zonas montanhosas ou de captação terão uma disponibilidade mínima de recursos hídricos superficiais e subterrâneos.

Os métodos não científicos de cultivo das culturas são também factores de stress hídrico. Os agricultores devem utilizar novos tipos de técnicas de irrigação. O novo método pretende fornecer água de forma a que cada planta tenha a quantidade de água de que necessita, nem em excesso nem em falta. Os métodos modernos são suficientemente eficazes para atingir este objetivo.

Outro método de gerir a situação de stress hídrico é cultivar variedades de culturas resistentes à seca ou aquelas que podem ser cultivadas num curto período de tempo. (Instituto Internacional de Investigação do Arroz, 1975).

2.4 Geomorfologia e utilização do solo Estudo da ocupação do solo

A importância da investigação geomorfológica é indicada pelo facto de ter sido formada uma organização internacional de Geomorfólogos. A primeira Conferência Geomorfológica Internacional, realizada em Manchester em 1985, foi um evento importante, no qual foi dada ênfase específica à aplicação da geomorfologia no planeamento do uso do solo. Das 25 sessões, metade dizia respeito à geomorfologia aplicada. Por conseguinte, a utilidade da geomorfologia no planeamento, especialmente no planeamento da utilização dos solos, está fora de dúvida (Hironi, 1991).

O planeamento da utilização dos solos tem sido realizado em diferentes partes do nosso país. Kumar et al. (2009) publicaram um artigo sobre a importância da cartografia geomorfológica para o planeamento e desenvolvimento urbano da cidade de Korba, utilizando tecnologia de teledeteção. O Conselho Nacional de Investigação da Índia apresentou a sua investigação sobre o impacto das actividades agrícolas na modificação da geomorfologia da planície de inundação e no estado de equilíbrio do rio.

As variações na distribuição espacial das diferentes utilizações do solo podem ser atribuídas ao clima, por um lado, e à geomorfologia, por outro. Segundo Meyer, 1999, cada parcela de terra à superfície da Terra é única na sua ocupação do solo.

A maior parte dos trabalhos sobre a análise da ocupação do solo na Índia foi iniciada na sequência do levantamento da ocupação do solo efectuado por Dudley Stamps no Reino Unido, no início da década de 1940. Foi na sessão de 1940 do Congresso Científico Indiano, realizada em Madras, que o Prof. S.P. Chatterjee chamou a atenção para a necessidade de efetuar o levantamento da utilização do solo na Índia. Dayal (1947) preparou uma tese sobre a geografia agrícola de Bihar. Discutiu a influência do solo e do clima na utilização da terra, a pressão da população sobre a terra e a natureza da utilização da terra. Chatterjee (1952) realizou um estudo mais pormenorizado sobre a utilização da terra no distrito de Howrah e preparou 1200 mapas de utilização da terra à escala de 1:3690, abrangendo 813 aldeias. Rao (1947) realçou as técnicas de levantamento do solo para análise da utilização da terra na região de Godavari. Roy (1968) documentou o padrão de utilização do solo rural em Azamgarh. Singh (1971) debruçou-se sobre a capacidade de carga óptima das terras no Punjab. Deshmukh (1975) estudou a utilização das terras rurais de Lonkhede. Os modelos de utilização das terras foram bem documentados por Mandal (1980). A iniciativa de desenvolvimento sustentável foi bem documentada por Singh (1996). O planeamento da sustentabilidade dos recursos naturais e da bioenergia foi tentado por Maheshwari *et. al.* em 1996. A maior parte das investigações concentrou-se principalmente na cartografia da ocupação do solo da época atual. Os estudos sobre a influência da geomorfologia na ocupação do solo são limitados e carecem de mais e mais estudos, especialmente na Índia.

2.5 Deteção Remota e SIG para o Estudo Geomórfico

Na última década, muitos esforços têm sido feitos no desenvolvimento de sensores de satélite capazes de produzir dados para a geração de modelos digitais de elevação. Uma das primeiras constelações concebidas para este fim foi o SPOT (Satellite Probatoire d'Observation de la Terre) do CNES (Centre National d'Etudes Spatiales). Os satélites forneceram imagens estéreo transversais de 10 e 20 m de resolução no solo. Foram extraídos DEMs (Digital Elevation Model) com precisão sub-pixel (Gugan *et. al.,* 1988, Baltsavias *et. al.,* 1992) e utilizados para as primeiras aplicações SIG (Welch, 1990). Desde então, foram lançados muitos novos satélites, com sensores que podem atingir uma resolução no solo inferior a 1 m (Quickbird, Cartosat). A maior parte dos sensores está atualmente a ser utilizada para a aquisição de imagens para a geração de DEM.

A geologia, o relevo e o clima são os principais factores determinantes do funcionamento dos ecossistemas de águas correntes à escala da bacia (Mesa, 2006). A análise morfométrica pormenorizada de uma bacia é uma grande ajuda para compreender a influência da morfometria da drenagem nas formas de relevo e nas suas caraterísticas. As caraterísticas de drenagem da bacia e sub-bacias de Wailapalli foram estudadas para descrever e avaliar as suas caraterísticas hidrológicas através da análise de mapas topográficos e de dados de deteção remota (Shuttle Radar Topography Mission) SRTM. A utilização de dados SRTM e de técnicas SIG é uma forma rápida, precisa e pouco dispendiosa de efetuar análises morfométricas (Farr *et. al.,* 2000; Smith *et. al.,* 2003; Grohmann, 2004; Grohmann *et. al.,* 2007).

Os dados digitais de elevação obtidos por teledeteção contribuem substancialmente para a modelação hidrológica. A este respeito, os SIG oferecem recursos potenciais para a aplicação de tais técnicas, particularmente para a modelação distribuída do terreno em grande escala. A maior parte dos algoritmos utilizados para analisar DEM funcionam com uma estrutura de DEM de grelha regular, devido à sua grande disponibilidade e à facilidade da sua implementação e tratamento informático. O quadro de base para a análise de DEM em grelha no SIG está incorporado no software ArcGIS. Isto permite principalmente a delineação de percursos de fluxo e a extração de bacias hidrográficas e das suas diferentes caraterísticas morfológicas.

A identificação de redes de drenagem dentro de bacias ou sub-bacias pode ser conseguida utilizando métodos tradicionais como observações de campo e mapas topográficos ou, alternativamente, com métodos avançados utilizando deteção remota e DEMs (Verstappen, 1983; Mark, 1983; O'Callaghan *et. al,* 1984; Rinaldo *et. al,* 1998; Macka, 2001; Maidment, 2002). Apesar de fornecer uma análise em primeira mão, é difícil examinar todas as redes de drenagem a partir de observações no terreno devido à sua extensão em terrenos acidentados e/ou vastas áreas. As linhas azuis, que representam canais fluviais em mapas topográficos, têm sido amplamente utilizadas para descrever as redes de drenagem (Schumm, 1956; Abrahams e Campbell, 1976; Mark, 1983). No entanto, não representam as redes de drenagem reais no terreno devido a generalizações cartográficas e ao julgamento subjetivo dos cartógrafos (Chorley e Dale, 1972; Drummond, 1974; Mark, 1983). Além disso, existem frequentemente numerosos vales que não são cartograficamente assinalados como canais fluviais, apesar da sua capacidade de recolher e transportar fluxos de água. Por estas razões, estes cursos de água de primeira ordem, chamados *'fingertip'* por Horton (1945) ou *'exterior links'* por Shreve (1966). A este respeito, o DEM pode ser utilizado para extrair as redes de drenagem que incluem todas as ligações exteriores.

Os modelos digitais de elevação (DEM) estão a ser cada vez mais utilizados para a análise visual e matemática da topografia, da paisagem e do relevo, bem como para a modelação dos processos de superfície (Bishop & Shroder, 2000; Dikau *et. al.,* 1995; Giles, 1998; Millaresis *et. al.,* 2000; Tucker *et. al.,* 2001). Bishop et al., (2001) utilizaram um DEM de Nanga Parbat para cartografar os glaciares no terreno montanhoso acidentado dos Himalaias ocidentais. O DEM é o método mais comum de extração de informação topográfica vital. Para tal, o DEM deve representar o terreno com a maior exatidão possível, uma vez que a exatidão do DEM determina a fiabilidade da análise morfométrica. Atualmente, é possível a geração automática de DEM a partir de dados de deteção remota com precisão sub-pixel (Krzystek 1995).

A partir da discussão anterior, compreendemos que a cartografia da ocupação do solo, a cartografia dos recursos hídricos e a cartografia geomórfica são possíveis utilizando a deteção remota e o sistema de informação geográfica. A análise da ocupação do solo e a deteção de alterações foram efectuadas em vários locais do mundo, incluindo a Índia, utilizando a deteção remota, o SIG e outros métodos convencionais. Foram utilizados diferentes tipos de dados, incluindo imagens de satélites. Mas, infelizmente, são muito poucos os estudos que indicam a influência da geomorfologia na formação da ocupação do solo de qualquer região e a forma como a geomorfologia em mutação modera a natureza e o crescimento da ocupação do solo de qualquer região. Na presente proposta de investigação, será efectuada a análise da ocupação do solo e a deteção de alterações (método NRSC) e, em segundo lugar, será analisado o papel da geomorfologia na formação da ocupação do solo da região. Entendemos que a ocupação do solo de qualquer região é determinada pelo clima, especialmente pela disponibilidade de recursos hídricos. A região do presente estudo encontra-se em situação de stress hídrico. O stress hídrico ocorre em resultado de uma maior procura de água do que a sua disponibilidade e restringe a sua utilização. O stress hídrico provoca a deterioração dos recursos de água doce em termos de quantidade (sobre-exploração dos aquíferos, rios secos, etc.) e de qualidade (eutrofização, poluição da matéria orgânica, intrusão salina, etc.; Tucker *et. al.,* 1994).

Quase todos os estudos geomorfológicos anteriores foram efectuados considerando a bacia de drenagem, a bacia hidrográfica e a zona de montanha como unidade de investigação. Mas o presente estudo destina-se a ser efectuado através de uma abordagem administrativa. As abordagens da bacia hidrográfica e da área montanhosa dos estudos geomorfológicos são efectuadas para a construção de barragens, o controlo de cheias e os estudos de deslizamento de terras. Neste caso, a abordagem administrativa do estudo geomórfico destina-se ao planeamento da ocupação do solo. Se um governo ou qualquer outra organização quiser implementar qualquer tipo de planeamento, pode utilizar esta abordagem.

Na presente proposta de investigação, estamos interessados em fazer a análise dos recursos geomórficos, a análise da ocupação do solo e a identificação e gestão das zonas de stress hídrico. A administração local é a entidade que pode implementar qualquer planeamento na realidade. O estudo do stress hídrico será efectuado através de uma abordagem geomórfica. Os recursos geomórficos são os fenómenos naturais da superfície terrestre. Influenciam as actividades agrícolas e outros usos do solo, a ocupação do solo, os recursos hídricos superficiais de qualquer região e, portanto, a nossa área de estudo abo.

A agricultura tem sido a principal atividade económica da Índia. A agricultura abrange mais de 58% da população ativa da Índia. No distrito de Burdwan, 14,76% dos trabalhadores principais são agricultores e 29,94% dos trabalhadores principais são trabalhadores agrícolas (Censo da Índia 2001). Burdwan é uma das melhores regiões agrícolas da Índia e produz uma variedade de culturas. As principais variedades são o arroz e a batata. A agricultura desempenha um papel importante na consecução da segurança alimentar nesta região. Para o efeito, o distrito desenvolveu as águas subterrâneas ao seu mais alto nível. Algumas partes do distrito são suficientemente ricas em termos de recursos hídricos, tanto de superfície como subterrâneos. Mas algumas partes do distrito estão a enfrentar uma escassez aguda de recursos hídricos. O desenvolvimento intensivo das águas subterrâneas para o desenvolvimento agrícola colocou uma forte pressão sobre a disponibilidade dos recursos hídricos. Nos blocos Ausgram I e II, onde a situação é pior, é necessário um planeamento e uma gestão imediatos para o desenvolvimento sustentável dos recursos hídricos da região. Por outras palavras, precisamos de um melhor planeamento e de cuidados na gestão dos recursos hídricos para que a região se possa desenvolver de forma sustentável. O planeamento para gerir a situação de stress hídrico pode ser feito com a ajuda dos recursos geomórficos, de acordo com os meios da mesma ocupação alternativa do solo, especificamente o planeamento da utilização agrícola do solo.

O Governo de Bengala Ocidental definiu uma área para uma política agrícola alternativa (2003, http://www.ibef.org/download/west_bengal_190111.pdf). Os principais objectivos da política são o aumento sustentável da produção agrícola e do rendimento dos agricultores, dos trabalhadores agrícolas e dos aldeões pobres. A política poderia ser aplicada nas regiões onde as actividades agrícolas são muito reduzidas ou nas regiões onde os recursos hídricos estão a pôr em causa o desenvolvimento sustentável. Com base nesta política, selecionámos a presente área de estudo, que é uma área com stress hídrico.

2.6 Lacuna de investigação identificada

A literatura que identificámos e estudámos foi revista e verificámos que a bacia de drenagem foi considerada como uma unidade de investigação e planeamento. Para além disso, as mesmas áreas costeiras ou montanhosas específicas foram consideradas como unidade de estudo geomórfico. Foram também utilizados vários sensores de satélite para uma variedade de aplicações a nível mundial, nacional, estatal e distrital. No entanto, são muito poucos os estudos realizados para lidar com a situação de stress hídrico utilizando a geomorfologia e a alteração e planeamento da ocupação do solo para manter a situação de stress hídrico.

Desde a independência, o vale do rio tem sido considerado um aspeto muito importante do planeamento económico e do desenvolvimento na Índia. A Domodar Valley Corporation (DVC) é uma delas. Neste caso, a bacia hidrográfica do rio Domodar foi considerada como a unidade principal de planeamento. Mas, na realidade, o planeamento foi implementado através da incorporação das unidades administrativas de diferentes blocos dos respectivos distritos de Jharkhand e Bengala Ocidental.

Na presente proposta de investigação, vamos fazer a análise dos recursos geomórficos, a análise da ocupação do solo e a identificação das zonas de stress hídrico e respectiva gestão. Os planos serão estudados através de uma abordagem administrativa. Com efeito, qualquer plano de ordenamento do território pode ser implementado de acordo com os limites administrativos. Serão utilizadas ferramentas avançadas de investigação geográfica para a análise dos dados e a elaboração dos mapas. A teledeteção por satélite e a tecnologia GIS serão intensivamente utilizadas para a análise dos recursos geomórficos, a análise da ocupação do solo, a identificação e o planeamento de zonas com stress hídrico.

2.7 Objectivos

Os principais objectivos da presente investigação são

- Estudo dos recursos geom órficos nos blocos Ausgram I e II;
- Estudar a análise da ocupação do solo e os factores que a influenciam;
- Estimar os recursos hídricos superficiais disponíveis nos blocos Ausgram I e II, utilizando dados de satélite multitemporais e mapas topográficos SOI;
- Classificar a zona de stress hídrico com base nos recursos geomórficos;
- Será avaliada a importância dos recursos hídricos de superfície para a determinação da ocupação do solo nesta região;
- Com base nos recursos geomórficos, será feita a identificação da zona potencial de recursos hídricos de superfície es e das zonas de recolha de águas superficiais;
- Será avaliada a importância das águas superficiais para as actividades sociais e económicas; e
- O objetivo final do presente estudo é sugerir e formular os planos de desenvolvimento e de gestão para a região, de modo a formular um novo plano sazonal de utilização dos solos.

2.8 Limitações do presente estudo

Este estudo incide essencialmente sobre os recursos geomórficos, a ocupação do solo e a análise dos recursos hídricos. Com base nestes parâmetros, elaborámos um plano de ocupação do solo para uma região com stress hídrico. Foi dada maior ênfase e importância ao escoamento superficial. A atual área de estudo abrange 493 km2. A área de estudo pode ser pequena, mas este plano pode ser necessário para outras partes do estado. A precisão da tecnologia de deteção remota utilizada pode não ser de 100%, uma vez que a resolução espacial da imagem de satélite utilizada é de 30 m. Mas pode ser utilizada uma resolução mais fina para uma região mais pequena e para estudos mais pormenorizados.

Capítulo 3

CONTEXTO DA ÁREA DE ESTUDO E METODOLOGIA

3.1 Configuração geográfica da área de estudo

A área de estudo selecionada é Ausgram (Bengali: ^S^^T^), uma cidade-bloco e um Bloco de Desenvolvimento Comunitário na Subdivisão Sadar do distrito de Burdwan, Bengala Ocidental, Índia.

Em 1846, quando foi criada a subdivisão de Burdwan, Ausgram era uma das três esquadras de polícia, juntamente com Bud Bud e Sonamukhi. No Peterson's District Gazeteer de 1910, Ausgram é mencionado como uma das esquadras de polícia da subdivisão de Bardhaman.

Os Gram panchayats sob Ausgram I Panchayat Samiti são: Ausgram, Berenda, Ukta, Dignagar I, Dignagar II, Guskara e Billagram. Os Gram panchayats da Ausgram II Panchayat Samiti são os seguintes Bhalki, Kota, Debsala, Amarpur, Ramnagar e Bhedia.

O território de laterite irregular na parte ocidental do distrito de Bardhaman estende-se até Ausgram e depois começa a planície de inundação aluvial. Toda a zona de Durgapur-Kanksa-Faridpur-Ausgram era densamente florestada, mesmo em tempos mais recentes. O afluxo de refugiados do Paquistão Oriental (atualmente Bagladesh) reabilitados na zona e as instalações de irrigação alargadas pela Damodar Valley Corporation levaram à destruição de grande parte das florestas da zona, mas ainda subsistem algumas. Com a água de vários pequenos riachos que o inundam durante as monções, o rio Kunur inunda frequentemente grandes áreas das esquadras de polícia de Ausgram e Mangalkot. Em 1962, foram iniciadas escavações na aldeia de Rajpotadanga, perto da margem sul do rio Ajay, na zona, que se prolongaram até 1965. As escavações revelaram os vestígios de uma civilização com 3 500 anos, semelhante à de Harappa-Mohenjo-daro. Existem também indícios de ligações com a civilização minóica de Creta. As peças escavadas foram acrescentadas à coleção da Galeria Arqueológica do Estado.

Em 1985, foram efectuadas outras escavações pelo Departamento Estatal de Arqueologia. O monte principal de *"Pandu Rajar Dhibi"* está associado ao rei Pandu, mencionado no Mahabharata. A escavação de 1985 mostrou claramente que houve seis períodos de ocupação nos sítios. Houve dois períodos principais - o período calcolítico, entre 1600 a.C. e 750 a.C., e a Idade do Ferro. As escavações em *Pandu Rajar Dhibi* forneceram provas do crescimento gradual de uma cultura calcolítica e da sua deslocação por povos que utilizavam o ferro. A zona entre o Damodar e o Ajay era conhecida como *"Gopbhum",* onde os "Reis Sadgope" governaram durante muitos séculos, antes da chegada dos muçulmanos. Os "Reis Sur" também ocuparam uma posição algo mítica na região. Atribui-se a Adi Sur, desta dinastia, o mérito de ter trazido os cinco brâmanes s e os Kayasthas (duas importantes castas superiores de Bengala) de Kannauj, no atual Uttar Pradesh.

A área de estudo, os blocos Ausgram I e II, situam-se na parte central do distrito de Budrwan. Os blocos estão rodeados pelo distrito de Birbhum a norte, pelos blocos de Manglkote e Bhatar, pelo bloco de Galsi e pelos blocos de Kanksa do distrito de Burdwan a oeste, sul e leste (Figura: 3.1). A sua área geográfica está distribuída entre 23º 21'47" N e 23º 37' 04" N de latitude e 87º 28' 57" E e 87º 47' 07" E de longitude, cobrindo 493 km2 de área. A população total do bloco é de 2.43.113 habitantes (Censo da Índia, 2001). A agricultura é a principal atividade económica da região. A altitude varia entre 40 m e 60 m acima do nível do mar. O declive diminui gradualmente de sudoeste para nordeste. A sua área máxima é coberta por argila com concreções de caliche, laterite e argila alternando com siltes e areia, outra cobertura extensiva do solo da região.

Figura: 3.1

Localização da área de estudo

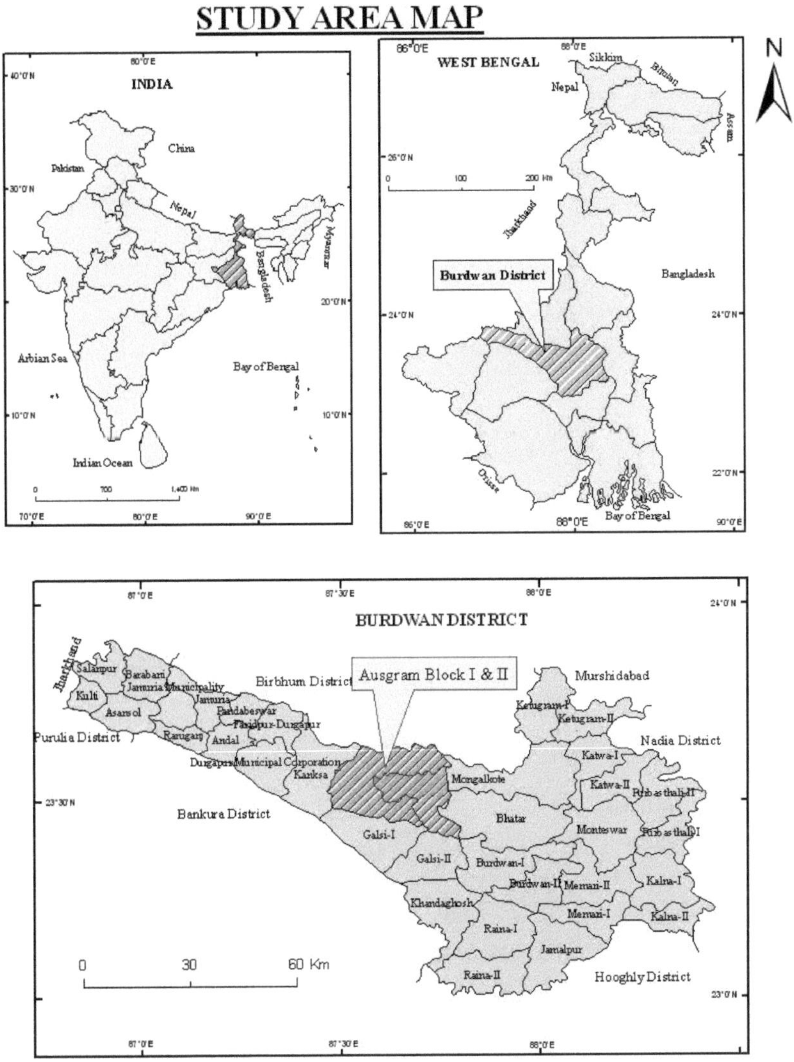

3.1.1 Clima

Os blocos têm um clima de transição entre os tipos CWg3 e AW1, em que "C" significa "climas quentes temperados chuvosos com inverno ameno", "W" significa "inverno seco não compensado por chuva total no resto do ano", "g3" significa "tendência de temperatura do tipo Ganges oriental" e "AW1" significa "climas de savana tropical" (http://bardhaman.nic.in/home.htm). A temperatura média na estação quente é de 30ºC, enquanto na estação fria é de 20º C. A precipitação média é de 1500 milímetros.

A estação fria começa em meados de novembro e prolonga-se até ao final de fevereiro. De março a maio, o verão é seco, com a presença de ciclones e tempestades tropicais. De junho a setembro é o verão húmido e em outubro e novembro é o outono.

3.1.2 Corpos de água de superfície

Na área de estudo, existem muitas massas de água de superfície, como rios, riachos, *nadi*, canais, lagoas, tanques e lagos. Existem aqui cerca de 1670 massas de água de superfície. Os rios mais importantes são o Ajoy, o Kunur e o Khari. Os canais importantes são o canal de Durgapur, o canal de Damodar e o canal de Panagarh (Figura: 3.2).

Figura: 3.2

Distribuição das massas de água de superfície

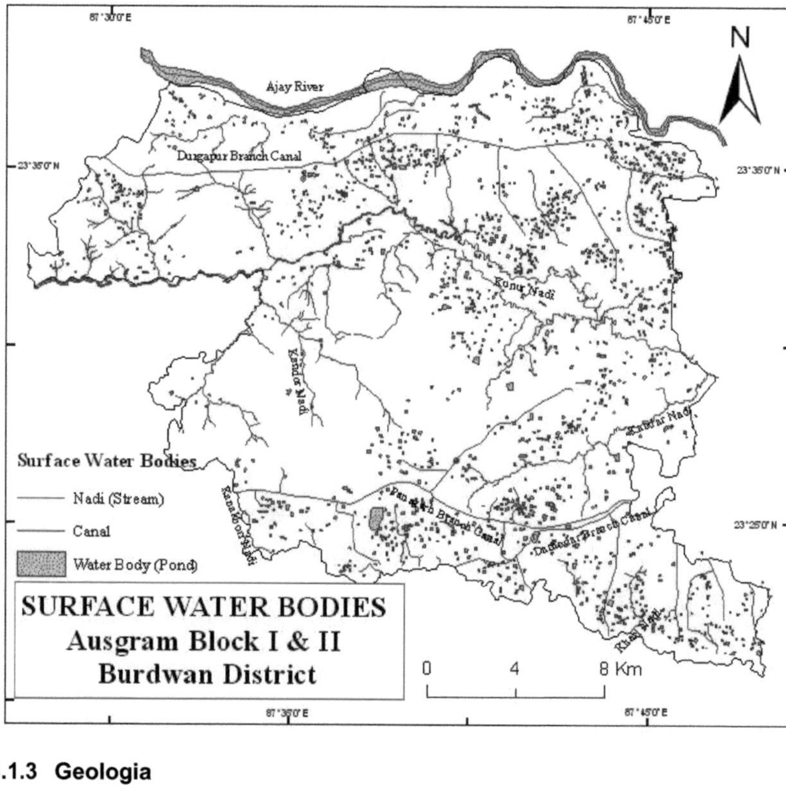

3.1.3 Geologia

Os blocos I e II de Ausgram, com os seus elementos tectónicos variados e caraterísticas fluviais, são uma zona de transição contígua entre o planalto de Jharkhand, que constitui uma parte do escudo peninsular a oeste, e a planície aluvial de Ganga-Brahamaputra a norte e a leste. Em geral, o planalto de Jharkhand é constituído por rochas metassedimentares de idade pré-cambriana, rochas sedimentares de Gondwana, basaltos de Rajmahal e sedimentos terciários superiores. A laterite desenvolveu-se nestas rochas mais antigas, bem como nos sedimentos do início do Quaternário. Em direção ao sul, a planície aluvial funde-se com as planícies deltaicas de Damodar-Kasain-Subarnarekha.

A metade ocidental do distrito assemelha-se a um promontório, sobressaindo das cadeias montanhosas do planalto de Chotonagpur, e é constituída por uma região estéril, rochosa e ondulante, com um solo laterítico que se eleva em colinas rochosas. O declive é de oeste para leste. O declive é de norte em direção a Ajay e de sul em direção a Damodar, abaixo da latitude. O trajeto entre Ajoy e Damodar é constituído por várias cadeias de vales e esporões baixos e convexos que correm em quase todas as recções, conferindo assim um carácter muito complexo ao relevo local.

A atual área de estudo está coberta de argila alternada com silte e areia. Cobre a parte sudoeste e a laterite cobre as partes sul e centro-norte. A argila com concreções de caliche cobre as partes norte e central do bloco Ausgram (Figura: 3.3)

Figura 3.3

Mapa Geológico

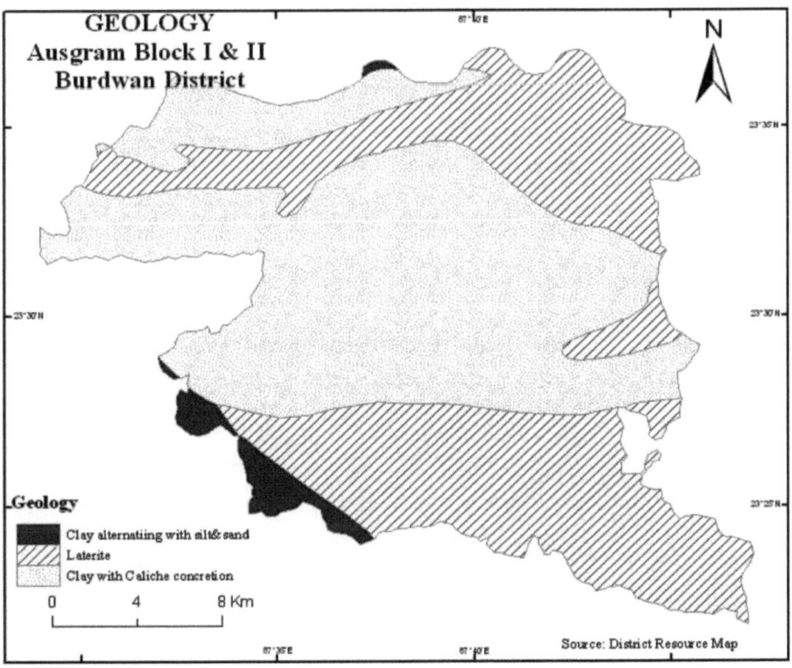

3.1.4 Solo

No bloco Ausgram encontram-se diferentes tipos de solos em diferentes condições topográficas, biológicas e hidrológicas, bem como geológicas. A oeste, o solo arenoso grosseiro misturado com fragmentos de rocha é formado por pegmatitos, veios de quartzo e arenitos conglomeráticos, enquanto o solo arenoso é caraterístico de rochas graníticas e arenitos. Este solo é de cor avermelhada; de textura média a grossa; de reação ácida; pobre em azoto, cálcio, fosfato e outros nutrientes para as plantas. A capacidade de retenção de água deste solo aumenta com a profundidade e com o aumento das proporções de argila. Em direção a leste, o solo aluvial atinge uma enorme espessura. Este solo aluvial é formado por aluviões trazidos pelos rios Ajay, Damodar e Bhagirathi-Hooghly. Estes solos são arenosos, bem drenados e de natureza ligeiramente ácida.

3.1.5 População

A atual área de estudo tem uma população total de 2.43.113 habitantes. A principal atividade económica e a principal ocupação das pessoas baseia-se na agricultura. Abrange 149 aldeias. A população das aldeias é classificada com base no Censo da Índia. Existem sete categorias de tamanho da população da aldeia, a saber Não habitada, < 200, 200 - 499, 500 - 1999, 2000 - 4999, 5000 - 9999 e > 10000 (Figura: 3.4 & Tabela: 3.2).

Tabela: 3.2

Distribuição da população dos blocos I e II de Ausgram, 2001

Categoria da população	Nome da aldeia
Urbano	Harinarayanpur, Srichandrapur, Chak Tliang, Salko, Hedogarya, Majacha, Pancbarabhali, Khalnagar, Aleinagar, Ausgram, Sibbati, Keleti, Dharampur, Itachanda, Turukdanga, Sibada, Goalpota, Sevli, Sae, Bijaypur, Bara, Kairapur, R.S Bhedia, Punnaga, Danaipur, Kamainagar, Guskara, Kantatikuri, Kunjanagar e Srinagar
< 200	Tilang, Banktara, Radhamohanpur, Alutia e Jalajpur
200 - 499	Dombandi, Bahaadurpur, Nabagra m, Purucha, Lachhminarayanpur, Baburbandh e Soara
500 - 1999	Phanri Jangal, Dhantor, Radhaballabhur, Chonari, Kuldiha, Ramharipur, Bhatgonna, N ripatigram, Premganja, Budra, Bara Chatra, Akulia, Jalikandar, Harispur, Chhota Ramchandrapur, Chak Radhamahanpur, Bagbatti, Reora, Kural, Khorda Dwarjapur, Gohalara, Majuria, Karanji, Brajapur, Nrisinhapur, Asinda, Bilshanda, Gobindapur Purba, Beluti, Samantapara, Kalaijhuti, Satla, Sundalpur, Ramnagar, Ramnagar Uttar, Dhonkora, Bhiti, Maliara, Bhada, Goswamkhanda Mellikpur, Digha, Nawapara, Baksibad

	Pogram, Srikrishnapur, Gonna, Rangakhila, Aduria, Ramchandrapur, Sahapur, Pratappur, Be lgram, Jayrampur, Aligram, Abhirampur, Suata, Silut, Bankul, Genrai, Babuisal, Amarpur, Chandipur, Aogram, Majhergram, Warispur e Beranda.
2000 - 4999	Deasa, Sitalgram, Bishnupur, Gangarampur, Jaykrishnapur, Kayanpur, Pichkuri, Takipur, Harinathpur, Maukhira, Jadabganj, Somaipur, Lakshmiganj, Kurumba, Ukta, Bhalki, Panduk, Dwariapur, Jamtara, Brahmandihi, Bhuyara, Karatia, Belari, Batageam, Bhota, Pubar, Ban Nabagram, Eral, Amrargar, Chhora e Ausgram Chak.
5000 - 9999	Bhedia e Dignagar.
> 10000	Nulo

Fonte: Censo da Índia 2001

Fig ure 3.4

Distribuição da população

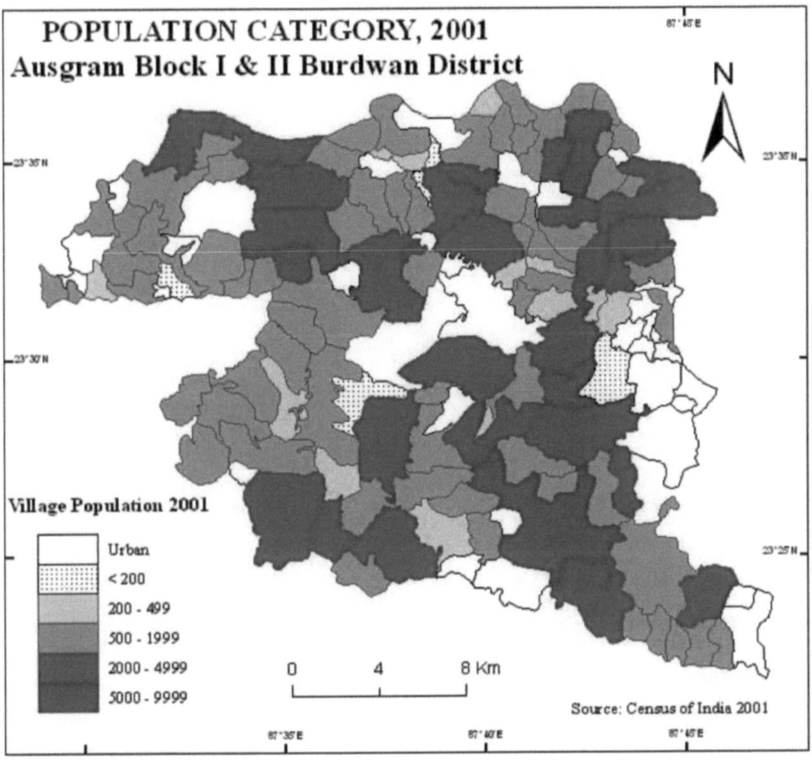

3.1.6 Transportes e povoações

As aldeias da região de estudo estão bem ligadas pelas estradas de *Kuchha* e *Pucca*. As linhas de caminho de ferro do Leste passam pela região. O comprimento total das importantes redes rodoviárias e ferroviárias da região é de 549,50 km e 39,04 km. A rede rodoviária ligou quase todas as aldeias da atual área de estudo (Figura: 3.5).

Figura: 3.5

Transporte e liquidação

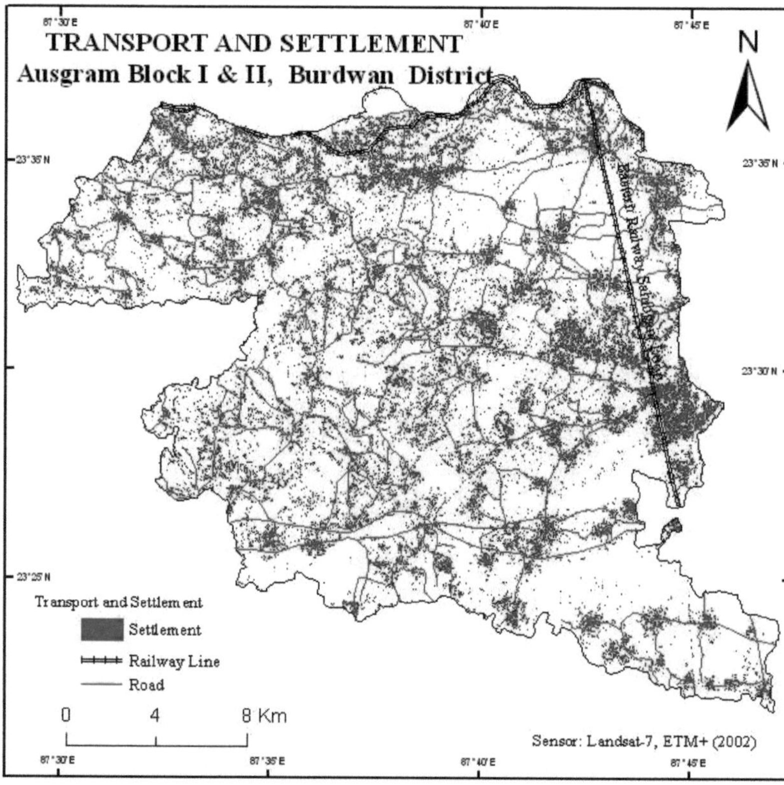

3.2 Base de dados

- Folhas topográficas do Survey of India (SOI) (1972), escala 1: 50000
  - N.o 73 M/6, 10, 11, 14 e 15
- Dados de satélite Land Sat
  - Enhanced Thematic Mapper +, datado de: 26. setembro de 2002
  - Thematic Mapper, datado de: 16, abril 2008
- Recursos em 1

o IRS LISS_IV_Mx, pré-monção (03 de abril de 2007), pós-monção (04 de dezembro de 2006)

- Censo da Índia

o Resumo do recenseamento primário: Burdwan District Hand Book 2001.

- Mapas cadastrais (1:4000 Appx.)

o Bhalki (5 folhas, J.L. n.º 101, Inquéritos fiscais 2114);

o Dombandhi (2 folhas, J.L. n.º 58, Inquéritos fiscais 2100); e

o Radhamohanpur (4 folhas, J.L. n.º 60, Inquéritos fiscais 2101)

- Dados de campo

3.3 Utilização da tecnologia

- Dados de satélite em vários sensores

o Mapeador Temático Avançado + (30m)

o Mapeador Temático (30 m)

o LISS_IV_Mx (5,8m)

- Software de Sistema de Informação Geográfica (SIG)

o ArcGIS 10.0

o Mapinfo 9.0

- Software de processamento digital de imagens (DIP)

o Erdas Imagine 9.3

- Instrumento do Sistema de Posicionamento Global (GPS)

o Leica SR 20

- Verificação no terreno

3.4 Metodologia

Os principais objectivos do presente estudo são o estudo da situação de stress hídrico, a avaliação do potencial das águas superficiais e a identificação de locais de captação de águas superficiais. A maior parte dos estudos é efectuada através da caraterização e análise dos recursos geomórficos e da análise da ocupação do solo. As tecnologias de deteção remota e de sistemas de informação geográfica foram utilizadas de forma intensiva para atingir os objectivos pretendidos. Pretendemos também propor um novo plano sazonal de ocupação do solo (estudo de caso) para algumas áreas específicas selecionadas.

3.4.1 Caracterização dos Recursos Geomórficos

Para a caraterização e estudo dos recursos geomórficos, utilizámos as folhas topográficas do Survey of India (SOI) (73 M/06, 10, 11, 14 e 15; publicadas em 1972) como base de dados à escala 1:50000. As informações físicas são extraídas de cada grelha de um quilómetro quadrado. Caraterísticas como curvas de nível, alturas dos pontos, marcos de referência, linhas de drenagem e massas de água superficiais (lagoas, tanques, lagos) são tidas em consideração para a caraterização dos recursos físicos da região. Estes fenómenos foram medidos e analisados para gerar informações sobre o Relevo Absoluto (RA), o Relevo Relativo (RR), a Densidade de Drenagem (DD), o Índice de Dissecação (ID), o Índice de Robustez (RI), o Declive e a Frequência das massas de água superficiais.

Estes recursos geomórficos são considerados parâmetros importantes pelo seu papel determinante na ocupação sazonal do solo da região. Estes recursos controlam e influenciam, direta ou indiretamente, a disponibilidade de recursos hídricos superficiais que, por sua vez, determinam a ocupação do solo, a situação de stress hídrico e os recursos agrícolas no bloco Ausgram I e II.

3.4.2 Estudo da ocupação do solo

Esta análise e cartografia histórica da ocupação do solo é efectuada com base em folhas topográficas do Survey of India (escala 1:50000; 1972). A base de dados da ocupação do solo foi gerada a partir da carta topográfica Survey of India através de técnicas de interpretação visual baseadas em conhecimentos empíricos e com a ajuda da população local.

A "classificação digital supervisionada" foi efectuada nas imagens de satélite para preparar mapas de ocupação do solo. Foram utilizados dados de satélite do Land Sat 5 (Thematic Mapper) e do Land Sat 7 (Enhancement Thematic Mapper +) do ano de setembro de 2002 e abril de 2008.

A partir destes conjuntos de dados de três períodos, 1972, 2002 e 2008, estudámos as alterações na ocupação do solo da região. Classificámos em seis categorias. São elas a utilização agrícola do solo, os pousios actuais, o coberto florestal, a área edificada, as massas de água superficiais e os terrenos estéreis ou pousios. As camadas temáticas classificadas foram comparadas, analisadas e interpretadas em conformidade.

3.4.3 Identificação da zona potencial de águas superficiais

A maior parte das áreas dos blocos Ausgram I e II são afectadas por condições de stress hídrico. Como resultado, o cultivo da região sofre a cada estação. Devido à escassez de água, o cultivo é feito e apenas uma vez por ano na maioria das áreas. Tentámos identificar e cartografar as zonas de potencial hídrico superficial utilizando os recursos geomórficos.

As metodologias básicas para identificar a zona potencial de águas superficiais são as seguintes

1. Índice de Rugidez Mínimo + Relevo Relativo Mínimo + Densidade de Drenagem Máxima + Massas de Água Superficiais Máximas + Declive Mínimo = **Zona Potencial Máxima de Águas Superficiais.**

2. Índice de Rugidez Moderado + Relevo Relativo Moderado + Densidade de Drenagem Moderada + Massas de Água Superficiais Moderadas + Declive Moderado = **Zona de Potencial Moderado de Águas Superficiais.**

3. Índice de Rugidez Máximo + Relevo Relativo Máximo + Densidade de Drenagem Mínima + Massas de Água Superficiais Mínimas + Declive Máximo = **Zona Potencial Mínima de Águas Superficiais.**

Com a ajuda da metodologia acima mencionada, identificámos e classificámos as zonas potenciais de águas superficiais em três categorias. A tecnologia GIS (Arc GIS 10.0) foi utilizada para a identificação através do método de análise de sobreposição.

3.4.4 Identificação da zona potencial de recolha de águas superficiais

As metodologias básicas para identificar a zona potencial de águas superficiais são as seguintes

As camadas de recursos geomórficos (densidade de drenagem, declive, relevo relativo, índice de robustez, frequência de massas de água) e as camadas de ocupação do solo são sobrepostas umas às outras e identificámos os locais adequados para a captação de águas superficiais com base nesta metodologia.

1. Índice de Rugidez Mínimo + Relevo Relativo Mínimo + Densidade de Drenagem Máxima + Declive Mínimo + Cobertura do Solo (Corpos de Água) = **Zona de Potencial Máximo de Captação de Água.**

2. Índice de Rugidez Moderado + Relevo Relativo Moderado + Densidade de Drenagem Moderada + Declive Moderado + Cobertura do Solo (Floresta) + Corpos de Água Superficiais Moderados = **Zona com Potencial Moderado de Captação de Água.**

3. Índice de Robustez Máximo + Relevo Relativo Máximo + Densidade de Drenagem Mínima + Declive Máximo + Cobertura do Solo (Pousio atual ou pousio) + Corpos de Água Superficiais Mínimos = **Zona Potencial Mínima de Captação de Água.**

3.4.5 Sazonal Utilização do solo Cobertura do solo Plano

Seaso nal land use land cover planning has been done. Selecionámos algumas aldeias (Bhalki, Dombandi e Radhamohanpur) no bloco de Ausgram onde existe uma situação de stress hídrico.

A. Análise de imagens e geo-referenciação do mapa da aldeia em relação ao mapa do distrito em ambiente SIG.

1. A imagem de satélite geocodificada do Resourcesat 1, LISS_IV_Mx, das estações pré-monção e pós-monção foi analisada e os mapas LULC foram preparados com anotações adequadas.

2. Foram identificados/recolhidos vários Pontos de Controlo Terrestre (GCPs) nas imagens e nos Mapas Cadastrais.

3. A verificação no terreno dos mapas das aldeias foi efectuada com a ajuda de um GPS (Leica SR 20), de uma estação total com medidor de distâncias por infravermelhos e de outros instrumentos de topografia.

4. Os mapas cadastrais foram sobrepostos ao mapa LULC. Foram utilizados métodos de tentativa e erro para gerar condições de melhor ajuste sem erros para a geo-referenciação do mapa LULC ao nível das aldeias em relação à imagem de satélite.

5. Foi efectuada uma verificação intensiva no terreno dos mapas LULC baseados em imagens para finalizar a classificação do LULC e confirmar a informação LULC de parcela para parcela.

6. A composição final dos mapas LULC de todas as aldeias com informação sobre as parcelas/parcelas foi gerada à escala de 1: 4000 (aprox.).

7. Posteriormente, os mapas das aldeias geo-referenciadas foram sobrepostos ao mapa da esquadra de polícia/bloco. As sobreposições dos mapas com o melhor ajuste foram o principal objetivo do estudo.

8. Uma vez que as sobreposições se encontravam nas suas melhores condições, os mapas das aldeias foram colocados sobre a folha topográfica SOI para obter a informação sobre o distrito, o quarteirão/posto policial, as aldeias e o número da parcela/dag na plataforma/ambiente RDBMS.

B Utilização do mapa geocodificado

1. Os mapas LULC geocodificados das aldeias foram utilizados para recolher um número suficiente de amostras de solo, das terras agrícolas e das áreas que podem estar disponíveis para cultivo, de modo a representar toda a área de estudo;

2. As amostras de solo recolhidas foram testadas em laboratório para estudar as propriedades físicas e químicas do solo;

3. D Foram preparadas diferentes camadas temáticas (SIG) das propriedades do solo da aldeia;

4. As camadas temáticas das propriedades do solo foram sobrepostas para preparar o mapa das zonas de solo das aldeias.

C Sugestão de culturas alternativas

1. Foi efectuado um estudo intensivo dos mapas LULC e de zonas de solo para avaliar a utilização agrícola existente nas aldeias.

2. As condições socioeconómicas da aldeia foram estudadas através de um inquérito por amostragem primária.

3. Foi estudada a sustentabilidade das culturas sugeridas.

4. Com base nos mapas geo-referenciados das aldeias, nos mapas LULC, nos mapas das zonas de solo, nas condições socioeconómicas e na sustentabilidade das culturas, foram sugeridos padrões alternativos de cultivo.

Com base nos recursos geomórficos, nas caraterísticas do solo, nas zonas de potencial hídrico e na atual ocupação do solo, sugerimos algumas culturas adequadas para as regiões do presente estudo de caso.

3.5 Organização da tese

Esta tese foi concebida e dividida em sete capítulos. O *primeiro capítulo* apresenta uma introdução geral sobre a ocupação do solo, os recursos geomórficos, os recursos hídricos, a teledeteção, o Sistema de Informação Geográfica (SIG) e a importância dos estudos de alteração da ocupação do solo.

São avaliados estudos anteriores sobre a caraterização dos recursos geomorfológicos, a ocupação do solo e a pressão sobre a água. Estudando a literatura, são identificadas as lacunas de investigação existentes e são definidos os objectivos da presente investigação. Este objetivo está incluído no *segundo capítulo.*

O terceiro capítulo inclui a configuração geográfica da região de estudo. Inclui a metodologia, a base de dados e a tecnologia utilizadas para a realização bem sucedida da presente investigação.

O quarto capítulo é exclusivamente dedicado à caraterização e análise dos recursos geomórficos e inclui o estudo e análise da densidade de drenagem, da frequência de massas de água superficiais, do relevo absoluto, do relevo relativo, do declive, do índice de dissecação e do índice de rugosidade.

A avaliação da ocupação do solo e das suas alterações nos últimos 36 anos foi efectuada utilizando a deteção remota e a abordagem SIG. A determinação do papel dos caracteres geomórficos na ocupação do solo, incluindo a extensão das terras agrícolas, está incluída no *quinto capítulo.*

O sexto capítulo é abrangido pelo estudo para avaliar a potencialidade dos recursos hídricos de superfície. Foi identificada a potencialidade dos sítios ou zonas das regiões de captação de águas superficiais. A regionalização é efectuada com base nos recursos geomórficos e na ocupação do solo existente na região.

O sétimo capítulo é sobre o estudo de caso de aldeias selecionadas para as quais foi feito um planeamento de agricultura alternativa. O planeamento baseia-se na natureza dos recursos geomórficos, nas zonas de captação de água e na atual ocupação do solo. As tecnologias SIG e de teledeteção foram utilizadas intensivamente para o estudo.

Finalmente, o *oitavo capítulo* inclui as principais conclusões do estudo. Nesta secção, são apresentadas sugestões para a melhoria sustentável e para a investigação futura do estudo.

Capítulo 4

CARACTERIZAÇÃO DOS RECURSOS GEOMÓRFICOS

A avaliação dos processos geomórficos é a chave fundamental para compreender as formas de superfície. As formas de superfície incluem todas as caraterísticas de erosão, transporte e deposição, bem como as forças endogénicas pelas quais a superfície terrestre é modificada. As formas de relevo individuais na superfície da terra são os produtos resultantes dos processos endogenéticos e exogenéticos. As formas de relevo são modificadas por vários processos geomórficos. Os produtos finais influenciam e determinam várias actividades humanas e a disponibilidade de vários outros recursos naturais como a água, a floresta, os terrenos agrícolas, etc.

Os recursos geomórficos são os fenómenos naturais na superfície terrestre, que se originaram devido aos processos geomórficos activos. Os recursos controlam, direta ou indiretamente, várias actividades antropogénicas em grande medida. O estudo e a análise dos recursos geomórficos são essenciais para compreender a disponibilidade dos recursos naturais que, por sua vez, também influenciam a probabilidade de desenvolvimento económico e social da região. O relevo absoluto, o relevo relativo, o declive, a frequência de massas de água superficiais, a densidade de drenagem (DD), o índice de dissecação (DI) e o índice de robustez (RI) são considerados indicadores muito importantes e são utilizados para avaliar os parâmetros geomórficos da área de estudo atual. As avaliações destes recursos são consideradas essenciais para a implementação de qualquer tipo de planeamento regional e económico.

Os recursos geomórficos são medidos e analisados utilizando mapas topográficos do Survey of India (SOI). São geradas grelhas de um quilómetro quadrado e as informações relativas a cada grelha são medidas e recolhidas para análise. A importância dos recursos geomórficos é discutida e avaliada de acordo com o objetivo da presente investigação.

4.1 Alívio absoluto (AR)

O relevo absoluto, uma função da geotectónica, fornece uma pista para estimar a intensidade das forças em ação (Singh, 1980). É a elevação máxima de uma zona em relação ao nível médio do mar (NMM). O principal objetivo deste estudo é determinar o grau de erosão que ocorreu em relação aos actuais cumes ou cumes da área de estudo, porque os cumes ou cumes são geralmente o último vestígio de um relevo em desaparecimento (Prasad, 1985). É útil para delinear a morfologia do terreno, incluindo a existência de superfícies de erosão.

A elevação máxima em cada quadrícula de um quilómetro quadrado foi anotada. Foram desenhados isopletos para marcar as zonas separadas. O relevo absoluto dos Ausgramas I e II foi classificado em quatro categorias: <20, 20-40, 40-60 e > 60 m por quilómetro quadrado. Para toda a região, estão disponíveis curvas de nível de 20 m, 40 m e 60 m. Na parte centro-oeste da região, o relevo absoluto > 60 m cobre 8% da área total de estudo. Em todas as outras categorias, ou seja, < 20, 20 - 40 e 40 - 60 m, a superfície terrestre está distribuída de forma mais ou menos uniforme, ou seja, cerca de 30%, 28% e 35%, respetivamente. O relevo está a diminuir gradualmente de oeste para leste, em conformidade com todo o relevo regional (Figura: 4.1).

Quando o relevo absoluto é elevado (>40m), esses locais estão cobertos por floresta natural e os recursos hídricos de superfície são mínimos. O relevo absoluto influencia a distribuição e a disponibilidade dos recursos hídricos de superfície. Onde o relevo absoluto é inferior a 40m, os recursos hídricos de superfície estão disponíveis.

Figura: 4.1

Alívio absoluto

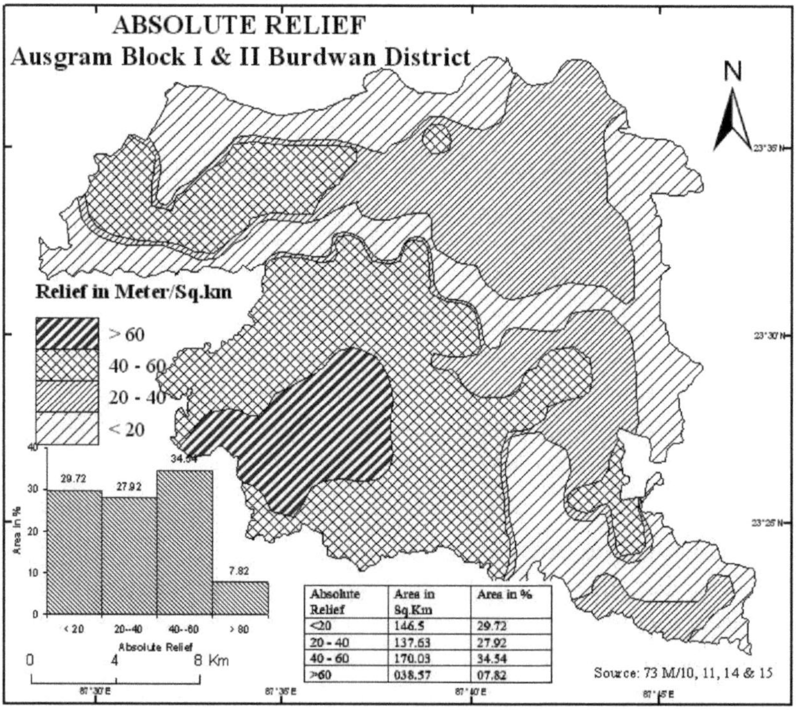

4.2 Alívio relativo (RR)

O relevo relativo é um dos vários métodos desenvolvidos para medir o declive médio. O termo foi inventado e utilizado por Smith (1935) para determinar a amplitude do relevo disponível para relacionar a altitude dos pontos mais altos e mais baixos de uma determinada área. O estudo do relevo relativo mostra o relevo de uma área em relação às áreas circundantes; provavelmente por isso, é chamado de relevo relativo. O mapa do relevo relativo dá uma ideia clara da natureza e da quantidade de declive da área em estudo.

Relevo relativo = Elevação máxima (M) - Elevação mínima (M)

O relevo relativo é um dos métodos para descrever o relevo local de qualquer parte da superfície terrestre. A área de estudo tem um menor desenvolvimento de drenagem, o que gera um relevo relativo mais baixo. O relevo relativo mais elevado é de apenas 11,20 m/km2. Encontra-se na parte central oeste, em conformidade com a densidade máxima de drenagem. Classificámos o relevo relativo da área de estudo em quatro zonas de relevo relativo, como <3, 3 - 6, 6 - 9 e >9 m/sq.km. Cerca de 84% da área total de estudo está sob a categoria de relevo relativo < 3 m. A próxima categoria de zona de relevo relativo é 3 - 6 m/sq.km e cobre 13% da área total de estudo de . Esta zona está distribuída pelas partes centro-sul, centro, centro-oeste, noroeste e nordeste da área de estudo. A terceira categoria de relevo relativo é de 6 -9 m/sq.km. Abrange cerca de 3 % da área de estudo. Esta zona está distribuída nas partes centro-oeste, centro-noroeste e central da área de estudo. A última categoria é superior a 9 m/sq.km. Cobre menos de um por cento (0,42%) da área de estudo e está localizada na parte central da área de estudo (Figura: 4.2). O relevo relativo mais baixo indica que a região é quase plana e que está a aparecer numa fase madura da evolução geomórfica. O relevo relativo mais baixo sugere que, se houver disponibilidade de água, a região pode ser convertida numa região agrícola muito boa.

Embora a área máxima esteja coberta por uma zona de relevo relativo <3m/km2, a presença de recursos hídricos superficiais é escassa. Como resultado, a zona de relevo relativo baixo não foi convertida numa boa zona agrícola.

Figura: 4.2

Alívio relativo

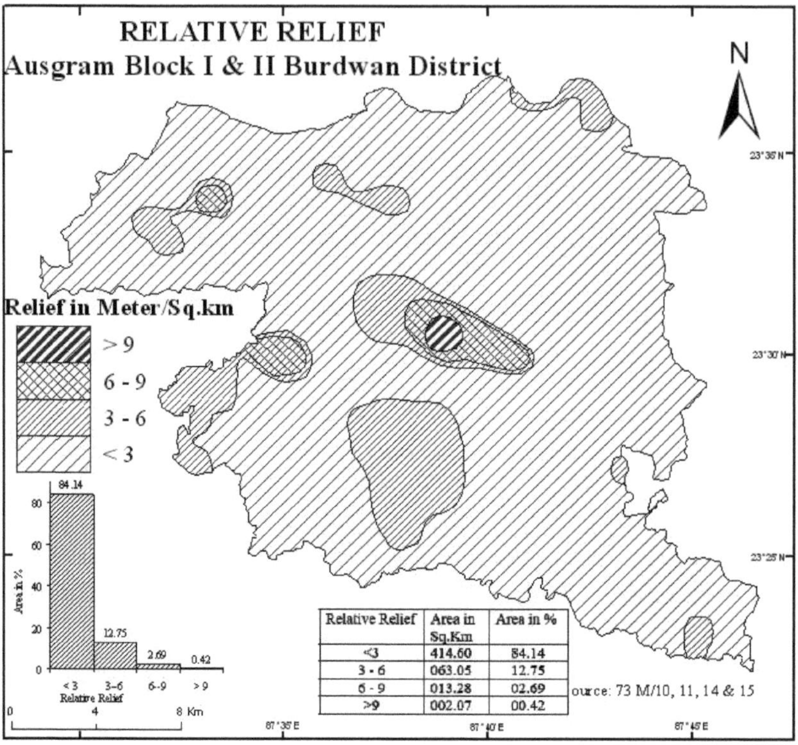

4.3 Índice de dissecção (ID)

O índice de dissecação é definido como o rácio entre o relevo relativo e o relevo absoluto. É um instrumento geomorfológico importante para estimar o equilíbrio vertical da erosão (Sen, 1993). É um parâmetro importante de qualquer região e útil no estudo do terreno, da dinâmica e das fases de evolução da paisagem (Mukhopadhyay, 1984).

O índice de dissecação dá pistas sobre o desenvolvimento de formas de relevo sob a alçada do ciclo geomórfico fluvial de erosão (Prasad, 1985). O mérito extra do índice de dissecação é que está relacionado não só com a elevação, mas também com o relevo, a dissecação e os declives. Isto significa que uma área de menor altitude pode ser caracterizada por um elevado grau de índice de dissecação, se a área for dissecada por vales fluviais profundos ou se for caracterizada por topos de colinas frequentes e isolados. Existe a possibilidade de obter relevos relativos iguais para duas áreas com caracteres variáveis. Mas o índice de dissecação varia muito em tais circunstâncias.

O estudo do índice de dissecação (ID) determina a natureza e a disponibilidade dos recursos hídricos para as terras agrícolas.

$$\text{Dissection Index (DI)} = \frac{\text{Maximum Elevation - Minimum Elevation}}{\text{Maximum Elevation}}$$

O mapa do índice de dissecação dos blocos Ausgram I e II apresenta um valor máximo de 0,23. Está localizado quase na parte central da área de estudo. O valor mínimo do índice de dissecção é de 0,0001. Toda a região está dividida em quatro categorias, ou seja, abaixo de 0,075, 0,075 - 0,150, 0,150 - 0,225 e mais de 0,225 por quilómetro quadrado. A maior parte da área de estudo está sob o índice de dissecação <0,075 e a zona está distribuída no centro norte, centro noroeste, centro sudoeste e centro sudeste da área de estudo. Cobre 92% da área dos blocos. O valor do índice de dissecação de 0,075 - 0,150 por km2 está distribuído na parte central da área de estudo e cobre 6% da área total. 0,150 - 0,225 O valor do índice de dissecção por km2 está distribuído na parte central da área de estudo e cobre 1% da área total. O valor máximo do índice de dissecção >0,225 está distribuído na parte central da área de estudo. Abrange menos de 1% da área total (Figura: 4.3). O baixo valor do índice de dissecação sugere que a erosão fluvial é muito baixa e que a área total está a crescer em direção à fase madura de desenvolvimento do ciclo de erosão.

Figura: 4.3

Índice de dissecação

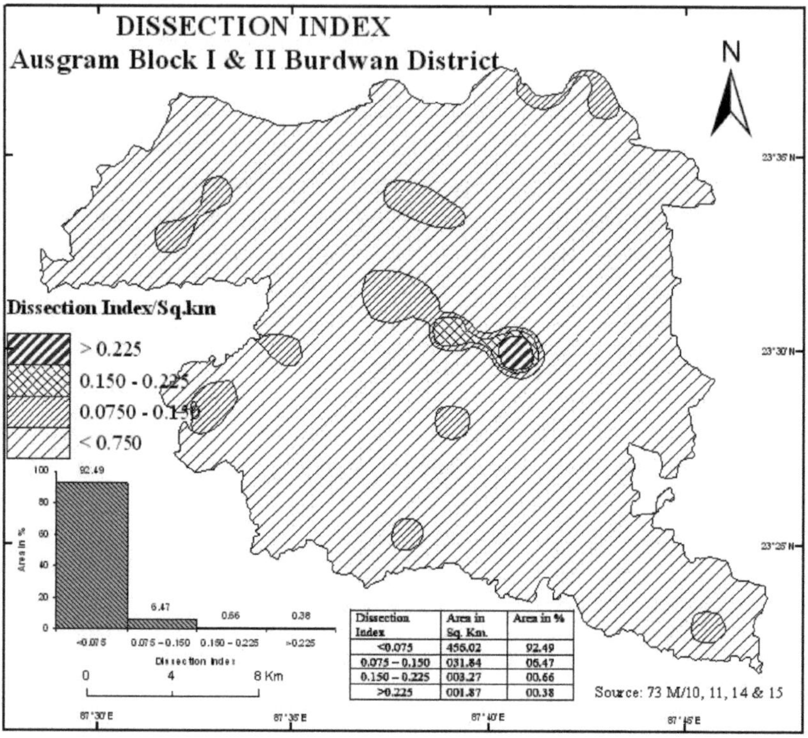

4.4 Declive (método de Raisz e Henry)

O termo declive, no seu sentido mais lato, significa um elemento da superfície sólida da terra, incluindo superfícies terrestres e submarinas (Strahler, 1956). A morfologia do terreno é caracterizada pelo estado do declive, que é regido por uma série de factores, incluindo condições climáticas, geológicas e tectónicas. Existe também uma relação estreita entre o estado do declive e os atributos morfométricos do terreno, ou seja, o relevo absoluto, o relevo relativo, o índice de dissecação, a densidade de drenagem e a frequência de drenagem. Os declives são elementos omnipresentes da paisagem (King, 1962). Os declives são os tipos fundamentais de caraterísticas da paisagem. O declive pode ser definido como a tangente do ângulo de inclinação de uma linha ou plano definido por uma superfície terrestre. É o resultado de uma interação complexa e contínua entre forças internas e externas que actuam sobre a superfície terrestre. Depende das condições rochosas e climáticas, que em certas regiões podem ser constantes durante longos períodos de tempo, e da espessura, textura e mobilidade das camadas superficiais do solo, da matéria orgânica, etc. (Baulig, 1959). Num sistema de drenagem, os declives dos vales e dos canais controlam diretamente a energia potencial e cinética dos fluxos de água e, consequentemente, a intensidade dos processos de escoamento, erosão e transporte. Estes factores tendem a estar num estado de equilíbrio em relação às condições geográficas locais gerais. O ângulo de declive indica a magnitude da componente da superfície gravitacional que actua para produzir o movimento de corpos sólidos, água ou partículas de solo num declive (Strahler, 1956). O declive também desempenha um papel importante nos processos fluviais. Nem a formação do escoamento superficial, nem o movimento das cheias, nem o potencial de potência dos cursos fluviais, nem a modelação e evolução dos canais fluviais, nem os processos de erosão e transporte que ocorrem nestes últimos podem ser abordados sem conhecer os declives da superfície terrestre e da rede fluvial (Zavoianu, 1985).

$$\text{Slope (Raisz and Henry method)} = \text{Tan}\ \theta = \frac{\text{Vertical}}{\text{Base}}$$

(F.J.Monkhouse e H.R. Wilkinson, 1994)

A compreensão da distribuição dos declives é essencial, uma vez que um mapa de declives fornece dados para o planeamento, povoamento, mecanização da agricultura, reflorestação, estruturas de engenharia, práticas de conservação, etc. Embora sejam utilizados vários métodos para efetuar a análise de declives, neste caso utilizámos o método de Raisz e Henry (F.J.Monkhouse e H.R. Wilkinson, 1994) para a análise de declives. Raisz e Henry dividiram o mapa topográfico de grande escala em pequenas regiões, dentro de cada uma das quais as curvas de nível têm o mesmo espaçamento padrão.

De acordo com o método de Raisz e Henry, dividimos a atual área de estudo em cinco zonas de categoria de declive, ou seja, <10', 10' - 20', 20' - 30', 30' - 1^0 e >1^0. Nesta área de estudo, o declive máximo é encontrado na parte central sudoeste e o declive mínimo é encontrado nas partes nordeste e sudeste. A primeira categoria, declive <10', está distribuída nas partes nordeste e sudeste da área de estudo. Abrange 28% da área total. A segunda categoria, zona de declive 10' - 20', distribuída nas partes sul e norte da área de estudo, cobre a área máxima, cerca de 52% da área total. A terceira categoria, zona de declive 20' - 30', está distribuída nas partes central, centro-leste e oeste da área de estudo. Cobre 13% do terreno da área total de estudo. A zona de quarta categoria, 30' - 1^0, está distribuída na parte centro-oeste e centro-norte da área de estudo. Abrange 5 % da área de terreno. A última categoria, zona com declive superior a um grau, está distribuída na parte sudoeste central e noroeste central da área de estudo. Abrange um por cento do terreno. Geralmente, a inclinação é de oeste para leste e de sudoeste para nordeste (Figura: 4.4).

Este declive controla a natureza e a distribuição dos recursos hídricos de superfície. Quando o declive é <30' nos blocos Ausgram I e II, essas partes têm muitas massas de água de superfície (lagoas, tanques, rios e canais). Quando o declive é igual ou superior a 1⁰, as massas de água de superfície são relativamente poucas nestas zonas.

Figura: 4.4

Declive (Método de Raisz e Henry)

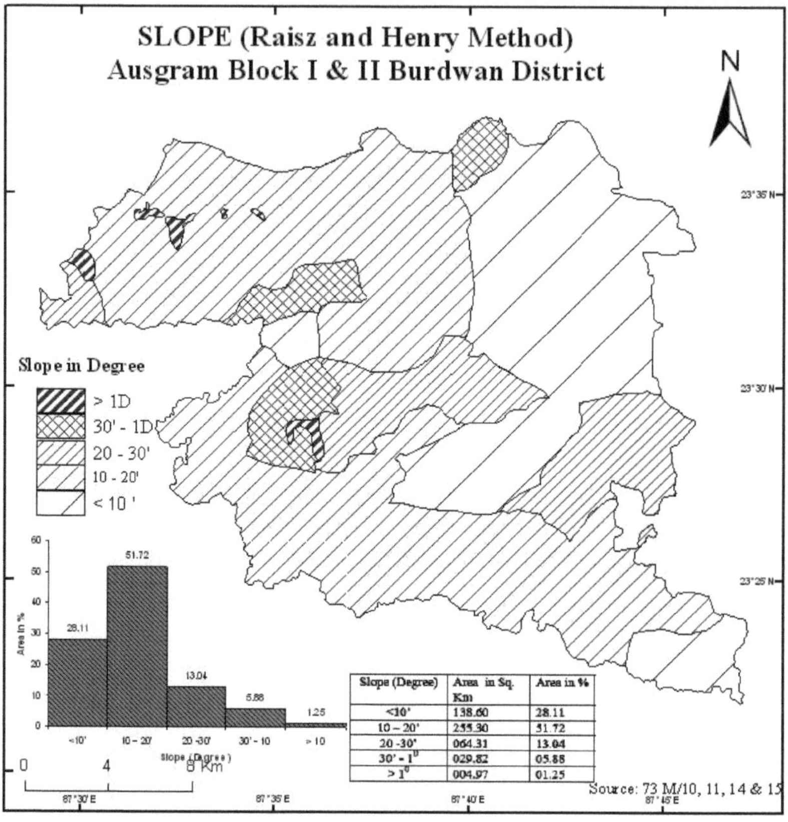

4.5 Frequência das massas de água de superfície

A frequência das massas de água superficiais pode ser definida como o número de massas de água por km2 de área. A água é um importante fator de localização para o povoamento e permanece presente na superfície da terra sob a forma de rios, lagoas e lagos. A quantidade de água utilizada diretamente pelo homem é comparativamente pequena, mas a quantidade utilizada pelo homem para a agricultura sob a forma de irrigação é muito grande.

Nos blocos Ausgram I e II, a disponibilidade de massas de água superficiais é calculada através da frequência de massas de água superficiais por quilómetro quadrado. A distribuição das massas de água de superfície é muito irregular nos blocos Ausgram I e II. Como já dissemos que os dados foram gerados utilizando uma grelha de um quilómetro quadrado, aqui também foi seguida a mesma metodologia. Foram traçadas isolinhas para analisar melhor os dados. Observou-se que algumas regiões têm mais de 30 massas de água de superfície por quilómetro quadrado e, em alguns casos, têm menos de duas massas de água de superfície por quilómetro quadrado. Utilizando isolinhas, dividimos a área de estudo em quatro zonas, ou seja, < 2, 02 - 10, 10-15, e >15 massas de água por quilómetro quadrado. A concentração máxima de massas de água numa área de um quilómetro quadrado está localizada na parte nordeste central (36 massas de água/km2) da área de estudo. No total, cobrem uma área de cerca de um quilómetro quadrado.

A primeira zona de frequência de águas superficiais, <2 número de massas de água por quilómetro quadrado, cobre cerca de 42% da área total de estudo. 2- 10 massas de água/km^2 cobrem cerca de 39% da área total de estudo. A zona com mais de 15 massas de água/km^2 está distribuída nas partes nordeste, nordeste central, sudeste e noroeste da atual área de estudo (Figura: 4.5). Abrange 10% da área total de estudo. Em geral, nos blocos Ausgram I e II existem muitas massas de água, mas a água não está disponível nessas massas de água na maior parte do ano. A realidade no terreno mostra que estas massas de água acrescentam pouca água à região nos períodos mais secos.

Figura: 4.5

Frequência das massas de água de superfície

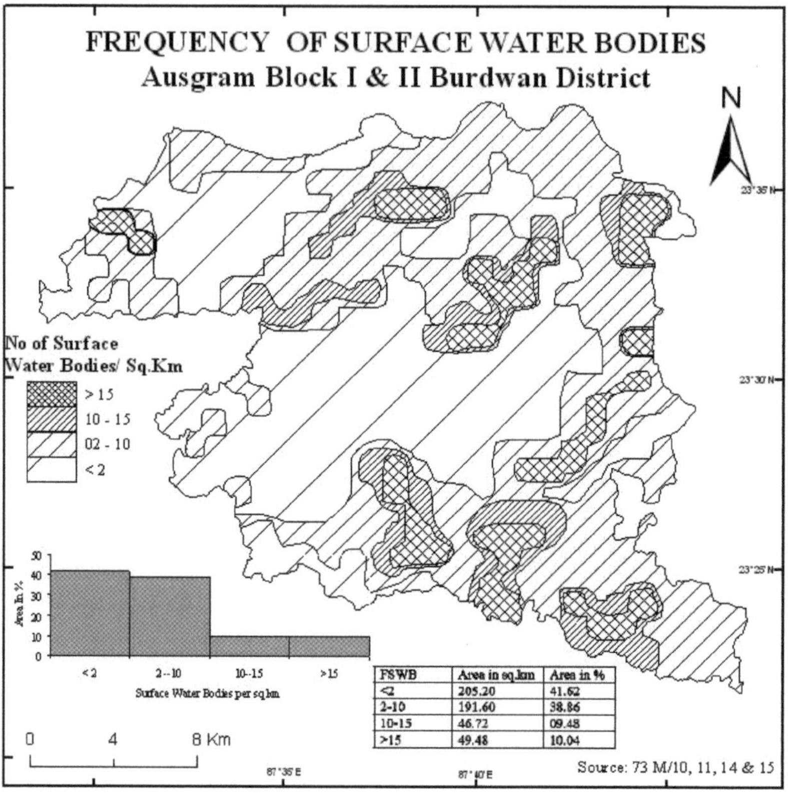

4.6 Densidade de drenagem (DD)

A densidade de drenagem é definida como o comprimento total dos cursos de água/km^2. O fator de densidade está relacionado com o clima, o tipo de rocha, o relevo, a capacidade de infiltração, a cobertura vegetal, a rugosidade da superfície e o índice de intensidade de escoamento. A densidade de drenagem explica a fase de erosão fluvial da paisagem. A importância da densidade de drenagem nesta análise deve-se a duas razões. Em primeiro lugar, reflecte a taxa potencial de descarga de água a ser transmitida através da respectiva região ou bacia e, em segundo lugar, reflecte as condições climáticas de uma determinada área. A densidade de drenagem indica a proximidade do espaçamento dos canais (Horton, 1932).

$$\text{Drainage density (D)} = \left(\frac{Lu}{A}\right)$$

Lu = Comprimento total dos canais de corrente por unidade de superfície (Km)

A = Área da unidade (Km^2)

(Horton, 1932)

O mapa de densidade de drenagem dos blocos Ausgram I e II foi preparado e analisado. Já referimos que os blocos se situam numa zona relativamente mais seca do distrito de Burdwan. A região encontra-se numa zona de stress hídrico, pelo que se espera que a região tenha um desenvolvimento de drenagem muito baixo.

Mais uma vez, a região está localizada numa zona de relevo moderadamente mais elevado e muitos cursos de água de primeira ordem encontram-se aí. Como resultado, as mesmas partes dos blocos podem ter uma densidade de drenagem mais elevada, mas na realidade podem não ter uma contribuição significativa para a disponibilidade de recursos hídricos. Utilizando isolinhas de densidade de drenagem, dividimos toda a área de estudo em quatro categorias, ou seja, <1, 1- 2, 2 - 3 e > 3 km de comprimento de curso de água (km)/sq.km. Os dados revelam que as regiões são mal drenadas e que 47 por cento da terra total tem uma densidade de drenagem < 1 km/sq.km. A outra densidade de drenagem, a mais elevada, ou seja, >3 km/sq.km, cobre uma percentagem insignificante das terras da região de estudo. A densidade de drenagem mais elevada, 3,63 km/sq.km, é observada na parte central da área de estudo (Figura: 4.6). A parte central da área de estudo é caracterizada por terrenos elevados e resultou na origem de algumas linhas de drenagem efémeras. Este facto resultou numa densidade máxima de drenagem nesta parte da região. Mas a realidade no terreno mostra que a maior densidade de drenagem não contribui significativamente para a disponibilidade de água na região.

Cerca de 10% das terras do quarteirão têm uma densidade de drenagem de 2-3 km/sq.km. Observou-se que esta porção do bloco tem uma quantidade significativamente boa de recursos hídricos superficiais disponíveis .

Figura: 4.6

Densidade de drenagem

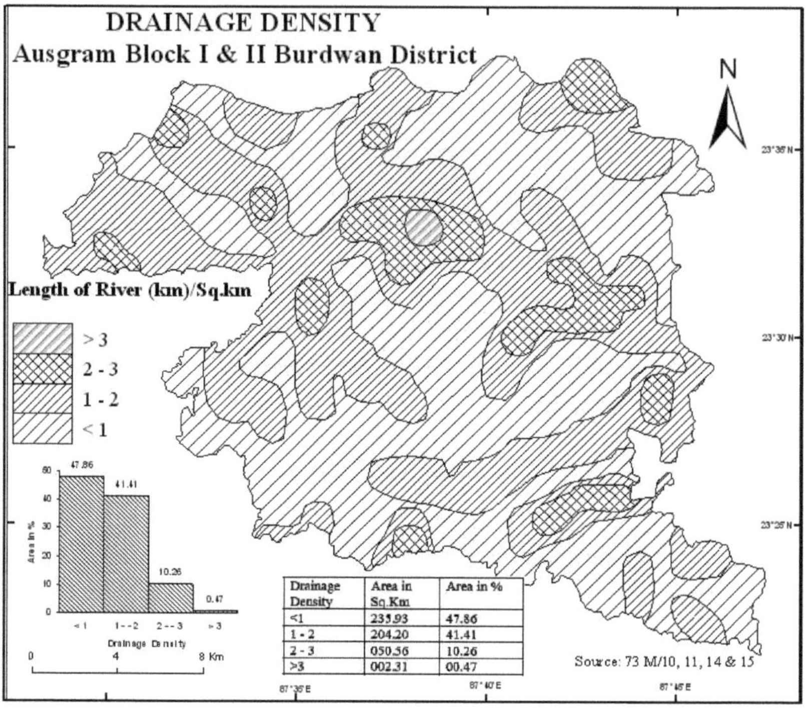

4.7 Índice de robustez (RI)

O índice de rugosidade descreve a complexidade da topografia e a rugosidade do terreno. A rugosidade indica o grau de dissecação de uma região onde a drenagem também foi considerada como um parâmetro importante. Chorley (1972) concebeu a fórmula do índice de rugosidade da seguinte forma

$$\text{Ruggedness Index} = \frac{\text{Relative Relief(M)} * \text{Drainage density (km/km2)}}{1000}$$

(Chorley.R.J, 1972)

Este índice está a ser amplamente utilizado pelos geocientistas em ligação com os estudos morfológicos do terreno e leva a uma melhor compreensão da configuração da superfície desenvolvida sob processos geomórficos complexos. Na verdade, é mais do que o desenvolvimento do declive ou o índice de dissecação, uma vez que incorpora uma série de factores determinantes relacionados com o desenvolvimento de formas de relevo. Este índice reflecte os efeitos combinados dos processos rítmicos evolutivos no desenvolvimento do relevo (Mukhopadhyay, 1984).

O índice de rugosidade segue a mesma tendência e indica uma relação estreita com outros atributos morfométricos como o relevo relativo, o declive e o índice de dissecação (Mukhopadhya, 1973, 1979).

O valor do índice de rugosidade foi gerado utilizando a grelha de um quilómetro quadrado, tal como os outros parâmetros morfométricos e as isolinhas são afogadas para toda a região. Dividimos o índice de rugosidade em três categorias com a ajuda das isolinhas. As zonas são <0,0078, 0,0078 - 0,0157 e > 0,0157. O valor mínimo de rugosidade está distribuído pela área máxima de estudo e cobre 99% da área total. O valor de rugosidade 0,0078 - 0,0157 distribui-se pela parte centro-oeste e central da área de estudo e cobre 0,52% da área total. O valor superior a 0,0157 do índice de rugosidade distribui-se pela parte central da área de estudo e cobre apenas 0,33% da área total. Com o baixo valor do índice de rugosidade, é necessário um esforço mínimo para gerir as águas superficiais, o que pode tornar a região numa boa região agrícola.

Figura: 4.7
Índice de robustez

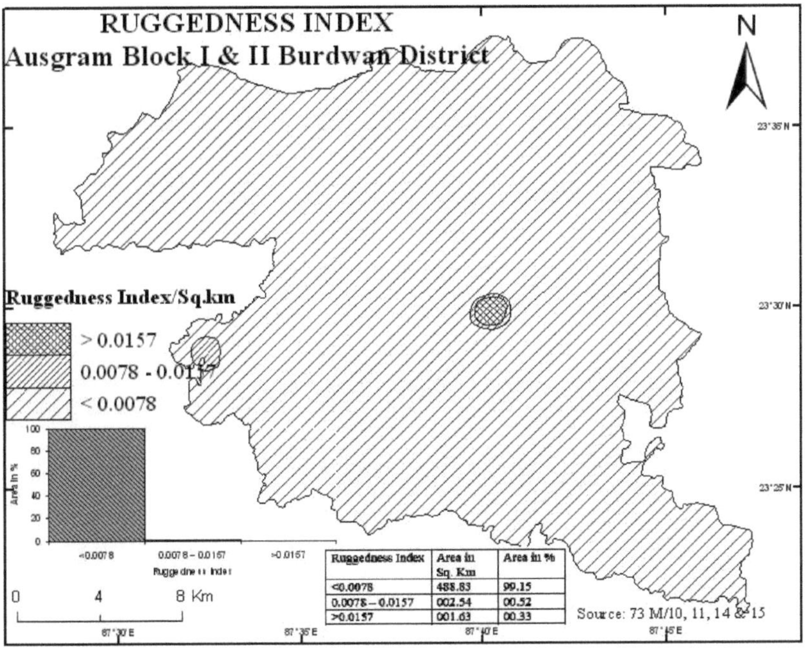

Conclusão

A partir da discussão acima, pode-se concluir que a região está a aproximar-se da fase antiga da evolução da paisagem. Ainda existem alguns relevos absolutos que tornam a área ondulada. Onde o relevo absoluto é elevado, esses locais estão cobertos por floresta natural e os recursos hídricos de superfície são mínimos. O relevo absoluto influencia a distribuição e a disponibilidade dos recursos hídricos de superfície. Quando o relevo absoluto é inferior a 40 m, os recursos hídricos de superfície estão disponíveis. A área máxima dos blocos está abrangida por uma zona de relevo relativo <3m/km2, mas a presença de recursos hídricos de superfície é reduzida. Como resultado, a zona de relevo relativo baixo não foi convertida numa boa zona agrícola. O valor do índice de dissecação mostra que a erosão fluvial é muito baixa e a área total está a crescer em direção à fase antiga de desenvolvimento do ciclo de erosão. O declive controla a natureza e a distribuição dos recursos hídricos superficiais. Quando o declive é <30' nos blocos Ausgram I e II, essas partes têm muitas massas de água de superfície (lagoas, tanques, rios e canais). Quando o declive é igual ou superior a 1^0, as massas de água de superfície são poucas nessas zonas. Frequência das massas de água de superfície mostradas m A área máxima coberta tem um baixo número de massas de água de superfície (<2/km2), mas algumas áreas apresentam também massas de água elevadas (30/km2). A realidade do terreno mostra que as massas de água podem estar presentes, mas não há água no período máximo do ano. A densidade de drenagem mostra que esta parte do quarteirão tem uma quantidade significativamente boa de recursos hídricos superficiais disponíveis. No entanto, na maior parte do ano, as massas de água permanecem secas. O índice de robustez é baixo na atual área de estudo e é necessário um esforço mínimo para gerir as águas superficiais, o que pode torná-la uma boa região agrícola. O relevo mais elevado não permite que os rios da região tenham caraterísticas de planície de inundação, pelo que a quantidade de recursos hídricos de superfície é baixa. Do mesmo modo, a superfície ondulada limita a extensão das terras agrícolas. A zona de relevo elevado cria terras florestais. São necessárias práticas adequadas de avaliação e gestão das terras para converter as terras de pousio em boas terras agrícolas.

Capítulo 5

UTILIZAÇÃO DO SOLO OCUPAÇÃO DO SOLO DO BLOCO AUSGRAMA I & II: UMA VISÃO GERAL

A ocupação do solo é definida como "o estado biofísico da superfície terrestre e da subsuperfície imediata" (Turner et al., 1995). Descreve o estado físico da superfície terrestre: como em terras de cultivo, montanhas ou florestas" (Meyer e Turner, 1994) e está relacionado com as caraterísticas visuais.

A utilização da terra está fortemente relacionada com o ser humano e denota "o emprego humano da terra" (Meyer e Turner, 1994) e implica "a forma como os seres humanos empregam a terra e os seus recursos e o objetivo para o qual o fazem" (Meyer, 1995). A este respeito, não está relacionado com caraterísticas visíveis, mas com a intenção ou o objetivo.

Estas definições diferenciam claramente as classes de ocupação do solo (por exemplo, prados, florestas e betão) e os tipos de utilização do solo (por exemplo, criação de gado, recreio e residência urbana), centrando-se na finalidade e na utilização por parte dos seres humanos.

Uma nação moderna, tal como uma empresa moderna, tem de dispor de informação adequada sobre muitos aspectos complexos e inter-relacionados das suas actividades para poder tomar decisões. O uso do solo é apenas um desses aspectos, mas o conhecimento sobre as diferentes categorias de uso do solo tornou-se cada vez mais importante à medida que a Nação planeia ultrapassar os problemas do desenvolvimento aleatório e descontrolado, da deterioração da qualidade ambiental, da perda de terras agrícolas de primeira qualidade, da destruição de zonas húmidas importantes e da perda de habitat de peixes e animais selvagens. Os dados classificados sobre a utilização dos solos são necessários para a análise dos processos e problemas ambientais que devem ser compreendidos para que as condições e padrões de vida possam ser melhorados ou mantidos aos níveis actuais. Nesta situação dinâmica, é essencial dispor de dados exactos, significativos e actuais sobre a utilização dos solos para elaborar planos sólidos para a sua própria ação futura, pelo que é fundamental dispor de informações fiáveis.

5.1 Utilização do solo Alteração da ocupação do solo

A alteração do uso e ocupação do solo (LULCC), também conhecida como alteração da terra, é um termo geral para a modificação humana da superfície terrestre da Terra. Embora os seres humanos tenham modificado a terra para obter alimentos e outros bens essenciais durante milhares de anos, as actuais taxas, extensões e intensidades das LULCC são muito maiores do que nunca na história, provocando alterações sem precedentes nos ecossistemas e nos processos ambientais às escalas local, regional e global. Estas alterações englobam as maiores preocupações ambientais da população humana atual, incluindo as alterações climáticas, a perda de biodiversidade e a poluição da água, do solo e do ar. A monitorização e a mediação das consequências negativas das LULCC, mantendo simultaneamente a produção de recursos essenciais, tornaram-se, por conseguinte, uma das principais prioridades dos investigadores e decisores políticos de todo o mundo.

Nesta tese, classificámos dados de três períodos de tempo para obter o LULC da região e a sua alteração ao longo do tempo. Obtivemos informações do mapa topográfico Survey of India (1972). Imagens de satélite terrestre de setembro de 2002 e abril de 2008. Foram estudadas as LULC dos últimos 36 anos e investigadas as alterações da ocupação do solo e os factores que estão na sua origem.

5.2 Sistema de classificação LULC

Com o objetivo de abordar as questões associadas à classificação da ocupação do solo com recurso à Deteção Remota, Anderson (1971) desenvolveu alguns critérios para os sistemas de classificação.

- O nível mínimo de precisão da interpretação na identificação das categorias de ocupação do solo a partir de dados de teledeteção deve ser de, pelo menos, 85%;

- A precisão da interpretação para as várias categorias deve ser igual;
- Devem ser obtidos resultados repetitivos de um intérprete para outro e de um momento de deteção para outro;
- O sistema de classificação deve ser aplicável em áreas extensas;
- A categorização deve permitir que a vegetação e outros tipos de ocupação do solo sejam utilizados como substitutos da atividade;
- O sistema de classificação deve ser adequado para utilização com dados de teledeteção obtidos em diferentes épocas do ano;
- Deverá ser possível a utilização efectiva de subcategorias que possam ser obtidas a partir de levantamentos no terreno ou da utilização de dados de sensores remotos em maior escala ou melhorados;
- A agregação de categorias deve ser possível;
- Deverá ser possível a comparação com os dados relativos à futura utilização dos solos; e
- As utilizações múltiplas do solo devem ser reconhecidas sempre que possível.

5.2.1 Classificação digital

As técnicas numéricas para a classificação de imagens de satélite têm uma longa tradição, que remonta ao início dos anos 70; dois tipos de abordagens evoluíram. Na classificação supervisionada, pressupõe-se um conhecimento a priori de todos os tipos de cobertura a mapear na cena. Este conhecimento é utilizado para definir as assinaturas das classes de interesse a aplicar a toda a cena. E na classificação não supervisionada, não é necessária qualquer informação prévia sobre os tipos de ocupação do solo ou a sua distribuição. Os métodos de classificação não supervisionada dividem a cena em grupos espectrais mais ou menos puros, normalmente limitados por parâmetros pré-definidos que caracterizam as propriedades estatísticas desses grupos e as relações entre grupos adjacentes. A atribuição de etiquetas de ocupação do solo a grupos espectrais individuais é feita posteriormente com base em informações do terreno, obtidas nos locais indicados pelos grupos resultantes. Nos últimos anos, foram desenvolvidas numerosas variantes destes dois métodos básicos de classificação. Estas incluem árvores de decisão (Hansen *et. al.,* 1996); redes neuronais (Foody *et. al.,* 1997), classificação difusa (Foody, 1998, Mannan *et. al.,* 1998) e modelação de misturas (van der Meer, 1995) para a classificação supervisionada e classificação por generalização progressiva (Cihlar *et. al.,* 1998), classificação através de ajustamentos de realce e pós-processamento (Lark, 1995 a, b) para técnicas não supervisionadas.

Foram desenvolvidos numerosos algoritmos para quantificar as relações espaciais nas imagens, como a textura (Gong et. al., 1992), a homogeneidade dos segmentos (Kartikeyan *et. al.,* 1998) e vários outros. Mas, até à data, a dimensão espacial não tem sido utilizada eficazmente na classificação de imagens. As medidas espaciais podem ser utilizadas na classificação supervisionada ou não supervisionada como canais adicionais. Na classificação não supervisionada, pode utilizar-se a fusão de clusters como passo de pré-classificação, o que resultará em manchas homogéneas (classificadores perfield). Isto será utilizado como ajuda adicional para a classificação da ocupação do solo. Um interesse recente na utilização eficaz da informação espacial e espetral (Kartikeyan *et. at,* 1998) é, por conseguinte, encorajador.

Atualmente, é rara a cartografia frequente que utiliza dados de satélite de alta resolução espacial para grandes áreas. Os dados de satélite de alta resolução estão a ser utilizados em grandes áreas, por exemplo, para a avaliação de culturas anuais (de Boissezon *et. al.,* 1993), mas em modo de amostragem. Atualmente, a frequência temporal mínima necessária para a cartografia da ocupação do solo parece ser de cerca de 5 anos (Ahern *et. al.,* 1998; GCOS, 1997). No entanto, é desejável conhecer as alterações na composição da ocupação do solo, embora não a localização dessas alterações, para fins políticos, para satisfazer requisitos de informação, para avaliar o impacto das medidas de gestão ou por outras razões.

Foram estudadas as coberturas de uso do solo (LULC) da atual área de estudo, blocos Ausgram I e II. As coberturas de uso do solo mais importantes identificadas são a floresta, os terrenos agrícolas, o pousio atual, as construções, as massas de água e os terrenos estéreis de pousio. Observou-se que as coberturas de uso do solo estão a mudar ao longo do tempo e do espaço. As alterações são tanto qualitativas como quantitativas. A secção seguinte avaliará essas alterações.

5.3 Utilização do solo Cobertura do solo 1972, 2002 (setembro) e 2008 (abril)

5.3.1 Terras agrícolas

As terras agrícolas podem ser definidas como terras utilizadas principalmente para a produção de alimentos e fibras. As terras agrícolas são terras de cultivo, pomares, bosques, vinhas, viveiros e áreas de horticultura ornamental.

A Índia é dominada por actividades agrícolas e a principal utilização do solo do país é a utilização de terras agrícolas. De acordo com o Censo da Índia, a utilização das terras agrícolas divide-se em duas categorias: as terras irrigadas e as terras não irrigadas. Com o aumento da população do país, a procura e a necessidade de alimentos também estão a aumentar. Consequentemente, mais terras estão a ser convertidas em terras agrícolas. O desenvolvimento do sistema de irrigação através de estruturas de controlo, barragens/reservatórios também contribuiu para o aumento da área de terras agrícolas. Considera-se que a superfície irrigada é irrigada para cultivo através de fontes como canais (públicos e privados), tanques, poços tubulares, outros poços e outras fontes. Divide-se em superfície irrigada líquida e superfície irrigada bruta. A área irrigada líquida refere-se à área irrigada através de qualquer fonte uma vez por ano para uma determinada cultura. A superfície irrigada total/bruta é a superfície total das culturas, irrigada uma vez e/ou mais do que uma vez num ano. É contada tantas vezes quanto o número de vezes que as áreas são cultivadas e irrigadas num ano.

Na presente área de estudo, tal como no resto da área do nosso país, a agricultura é a principal atividade económica. O arroz é a cultura mais importante dos blocos e, nesta parte do mundo, pouco mais se cultiva. O arroz cultivado, com as suas numerosas variedades, pode ser agrupado em três classes principais - o *Aus* ou arroz de outono, o *Aman* ou arroz de inverno e o *Boro* ou arroz de verão. No ano de 1972, o arroz cobria a maior parte da superfície cultivada bruta, abrangendo 49 % da área total de estudo. A área estava distribuída nas partes leste, sul, sudeste central e central da área de estudo (Figura: 5.1).

Os dados de satélite de setembro de 2002, Enhanced Thematic Mapper plus (ETM+), do Land sat foram analisados para estudar a ocupação do solo da região . Os dados classificados foram comparados com os dados de ocupação do solo de 1972 do sítio . O arroz cobriu a área máxima das terras cultivadas em 2002. Algumas terras tinham também alguns produtos hortícolas. Esta utilização agrícola do solo cobria cerca de 60 % do total do terreno dos blocos. As terras agrícolas estavam distribuídas nas partes sudeste, leste, central e nordeste da região. Juntamente com Kunur *Nadi*, foram identificadas e cartografadas terras agrícolas florescentes com culturas permanentes (Figura: 5.2).

Os dados de satélite de 2008 (abril), imagem Thematic Mapper, foram utilizados para estudar a ocupação do solo da região. Tal como os dados dos dois períodos anteriores, estes dados também registaram a área máxima de terras agrícolas. O arroz é a principal variedade de culturas. Poucos por cento das terras apresentam culturas hortícolas. Esta cultura ocupa cerca de 51% das terras. As terras agrícolas estavam distribuídas nas partes sudeste, leste, central e nordeste dos blocos (Figura: 5.3).

Figura: 5.1

Uso do solo Cobertura do solo 1972

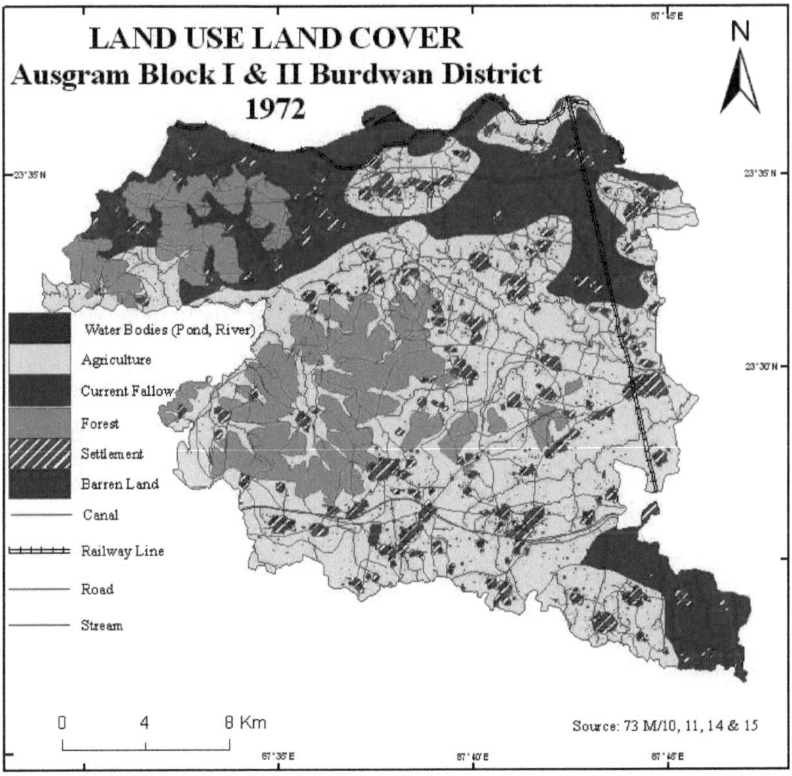

Figura: 5.2

Uso do solo Cobertura do solo setembro - 2002

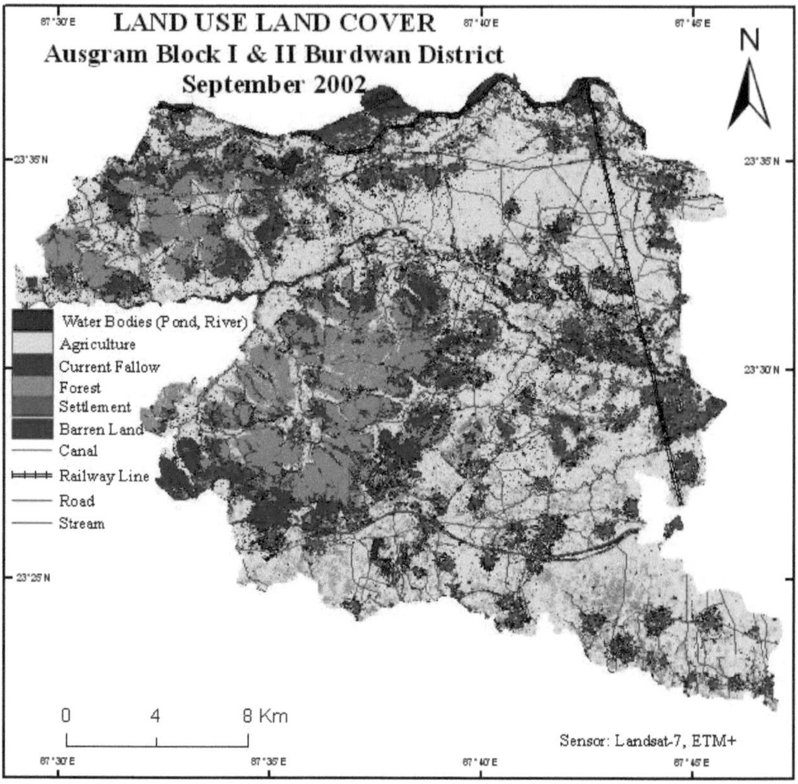

Figura: 5.3

Uso do solo Cobertura do solo abril - 2008

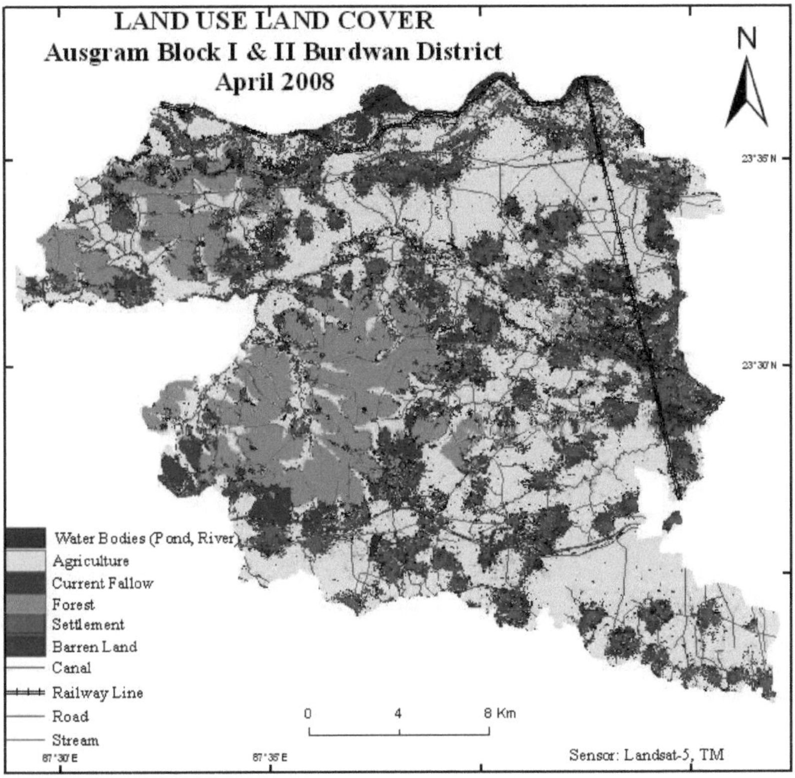

Tabela: 5.1

Utilização classificada do solo do bloco I e II de Ausgram

		1972		2002-setembro		2008-abril	
Sl. Não	**Uso do solo Cobertura do solo**	**Área (Hec.)**	**Área (%)**	**Área (Hec.)**	**Área (%)**	**Área (Hec.)**	**Área (%)**
1	Agricultura	24169.52	49.03	29908.00	60.67	24940.00	50.59
2	Pousio atual	8530.00	17.30	497.00	1.01	5495.00	11.15
3	Floresta	9400.00	19.07	8756.00	17.76	7071.00	14.34
4	Construído	3807.00	7.72	7532.00	15.28	9200.00	18.66
5	Massas de água	3328.00	6.75	2472.30	5.01	2494.71	5.06
6	Terra árida	65.48	0.13	134.70	0.27	99.29	0.20
	Total	**49300.00**	**100.00**	**49300.00**	**100.00**	**49300.00**	**100.00**

Fonte: Cálculo do autor

5.3.2 Pousio ou pastagem atual

De acordo com o Censo da Índia, o "pousio atual" representa a superfície cultivada, que é mantida em pousio durante o ano/época em curso. Por exemplo, se uma superfície de sementeira não for cultivada no mesmo ano, pode ser considerada como pousio atual.

As componentes importantes dos pousios actuais incluem as terras cultivadas colhidas, os pousios de verão, as terras em que se verificam falhas de colheita, as terras cultivadas utilizadas apenas para pastagem em rotação com culturas e as terras de pastagem. A partir apenas de imagens, não é geralmente possível fazer uma distinção entre 'Terras de cultivo' e 'Pastagens' com um elevado grau de exatidão e uniformidade (Hardy *et. al.*, 1971).

O pousio atual cobria 17% da área total de estudo no ano de 1972 e estava distribuído nas partes norte, noroeste, nordeste e sudeste da área de estudo. Em setembro de 2002, estava distribuído juntamente com as terras cobertas por floresta natural. O pousio atual estava distribuído nas partes sudoeste, sudoeste central e oeste central da área de estudo (Figura: 5.1). O pousio atual no ano 2002 era muito insignificante para a área total dos blocos, apenas cerca de um por cento da área total de estudo. Isto deve-se à disponibilidade de água da chuva das monções. O recurso hídrico ajudou a utilizar o máximo possível de terras para uso agrícola.

A imagem de satélite da estação pré-monção de 2008 (abril) mostrou um aumento da quantidade de pousio atual. Cerca de 11% da área total de estudo estava abrangida por esta categoria de uso do solo (Figura: 5.2). A limitação dos recursos hídricos restringiu o crescimento das terras agrícolas, o que resultou no aumento da quantidade de pousios actuais.

As terras em pousio actuais ou terras residuais cultiváveis cobriam 17% da superfície total dos blocos em 1972. Em setembro de 2002, durante a estação das monções, o pousio diminuiu para um por cento da área dos blocos (Figura: 5.3). A sua extensão espacial aumentou nos meses de verão ou pré-monção devido a problemas de falta de água. Se os recursos hídricos forem corretamente geridos e utilizados nos meses mais secos, vastas áreas podem ser convertidas em boas terras agrícolas.

5.3.3 Floresta

Para st as terras têm uma densidade de copas de árvores (percentagem de fecho de copas) de 10 % ou mais, estão povoadas com árvores capazes de produzir madeira ou outros produtos de madeira e exercem uma influência no clima ou no regime hídrico.

As terras das quais as árvores foram removidas para menos de 10 por cento de encerramento da copa, mas que não foram desenvolvidas para outros usos, também estão incluídas na categoria de floresta. Por exemplo, as terras em que há ciclos rotativos de corte raso e plantação em bloco fazem parte das terras florestais. Nessas terras, quando as árvores atingem o tamanho comercializável, pode haver grandes áreas com pouco ou nenhum crescimento florestal visível. Por vezes, este padrão pode ser identificado pela presença de operações de corte no meio de uma grande extensão de floresta. A menos que haja provas de outra utilização, essas áreas de pouco ou nenhum crescimento florestal devem ser incluídas na categoria de terras florestais.

A floresta é uma ocupação do solo muito importante e significativa do ponto de vista ambiental na área de estudo. Uma quantidade significativa de terra está sob a cobertura florestal dos blocos distribuídos nas partes oeste, sudoeste e sudoeste central da área de estudo. Em 1972, cobria 19% da área total de estudo. As árvores *de sal constituem* uma importante variedade da floresta. A partir das folhas topográficas, foram identificadas algumas aldeias no interior da floresta. As visitas de campo revelaram que esses aldeões dependem diretamente da floresta para a sua subsistência. Recolhem folhas da floresta (folhas de sal), mel e outros produtos e sustentam a sua subsistência.

Ao longo da história, tem havido um conflito entre o ambiente e o desenvolvimento. O coberto florestal tem sido um alvo muito fácil e suave para o desenvolvimento e a extensão das terras agrícolas, para a industrialização ou para a urbanização. Os blocos Ausgram I e II não são exceção e apresentam coberturas florestais em declínio. No ano de 2002 (setembro), a área coberta por floresta foi reduzida para 17% da área total de estudo, em comparação com 1972. Em 2008, este valor foi ainda mais reduzido para 14%.

Felizmente, muito recentemente, observou-se que algumas aldeias têm novas florestas artificiais (eucalipto). As florestas estão distribuídas na parte ocidental e meridional da área de estudo. Algumas das florestas mais importantes situam-se em Premeani, Ruldiha, Lakshminarayanpur, Radhballavpur, Dariapur, Lakshmiganj e Alutia. A diminuição dos recursos ecologicamente sensíveis pode dever-se à conversão para terras agrícolas, povoações e novas estradas. A diminuição do coberto florestal de 19% para 17% demorou 30 anos. Mas é lamentável observar que de 17% (2002) se reduziu para 14% (2008) em seis anos (Figura: 5.1, 5.2 e 5.3). Consideramos que é muito alarmante e que devem ser efectuados controlos imediatos por iniciativa governamental.

5.3.4 Construção / Povoamento e Comunicação

O solo construído é constituído por áreas do solo cobertas por estruturas. Incluem-se nesta categoria as cidades, vilas, aldeias, urbanizações ao longo de auto-estradas, instalações de transporte, energia e comunicações e áreas como as ocupadas por moinhos, centros comerciais, complexos industriais, comerciais e instituições. medida que o desenvolvimento progride ses, os terrenos com uma utilização menos intensiva ou não conforme podem estar localizados no meio de zonas urbanas ou construídas serão geralmente incluídos nesta categoria. As terras agrícolas, as florestas, as zonas húmidas ou as massas de água situadas na periferia das zonas urbanas ou urbanizadas não serão incluídas, exceto se estiverem rodeadas e dominadas pelo desenvolvimento urbano. A categoria urbana ou urbanizada tem precedência sobre as outras quando os critérios para mais de uma categoria são satisfeitos. Por exemplo, as zonas residenciais que têm um coberto arbóreo suficiente para satisfazer os critérios de terrenos florestais serão colocadas na categoria residencial. As utilizações de terrenos residenciais vão desde a alta densidade, representada pelas estruturas de unidades múltiplas dos núcleos urbanos, até à baixa densidade, onde as casas se situam em lotes de mais de um acre, na periferia da expansão urbana.

As zonas de utilização escassa de terrenos residenciais, como as quintas, serão incluídas nesta categoria. As subdivisões rurais residenciais e recreativas também estão incluídas nesta categoria. As secções residenciais que são parte integrante de outras utilizações podem ser difíceis de identificar. Situações de habitação como as que existem em bases militares, em colégios e universidades, alojamentos para trabalhadores perto de uma base de trabalho, ou alojamento para empregados de operações agrícolas ou estâncias, seriam assim colocadas nas categorias Industrial, Agrícola ou Comercial e de Serviços.

De acordo com o sistema indiano de classificação da ocupação do solo, os terrenos construídos incluem todos os terrenos ocupados por edifícios, estradas, caminhos-de-ferro e todos os empreendimentos residenciais, comerciais e industriais.

Para o presente estudo, os terrenos "construídos" incluem povoações, estradas de barro, estradas metálicas, linhas de caminho de ferro, caminhos pedonais, locais religiosos e parques. As povoações distribuem-se, em geral, por toda a área de estudo, mas a maioria das principais povoações situa-se nas aldeias de Dig Nagar, Dwariapur, Bhedia, Amrargar, Ausgram, Eral, Belgram, Sar, Bhota, Bagram, Bhuyera, Karatia, Pubar, Brahman Dihi, Ukta e Bataaram. Quase todas as 149 aldeias estão ligadas por estradas de lama, estradas de metal, linhas de caminho de ferro e caminhos pedonais. Em 1972, o sistema de transportes não estava muito desenvolvido. Havia muito poucas estradas asfaltadas e a maioria das aldeias estava ligada por estradas de barro e caminhos pedonais. Havia lugares religiosos em quase todas as aldeias. As linhas de caminho de ferro atravessavam a zona de estudo nas partes norte e leste (Linha de *caminho de ferro* oriental, linha *de laço de Sahibganj*) da zona de estudo. Em 1972, a área construída cobria cerca de 8% do total da área de estudo.

Em 2002, a área construída aumentou para 15% da área total dos blocos Ausgram I e II. O aumento da área ocupada por terrenos de povoamento e de comunicação deu resposta à diminuição da área coberta por terrenos agrícolas e florestais. Além disso, em 2008, a cobertura das terras construídas aumentou de 15% para 19%. O rápido crescimento da população humana e dos aglomerados populacionais contribuiu para o aumento da cobertura dos aglomerados populacionais. As linhas de comunicação também aumentaram em comprimento total, pelo que a densidade de estradas nos quarteirões aumentou (Figuras: 5.1, 5.2 e 5.3).

5.3.5 Corpos de água

Por "massa de água" entende-se uma área que, durante um ano com padrões normais de precipitação, tem água parada durante um período suficiente para estabelecer uma marca de água alta normal e uma profundidade superior a dois metros. A água à superfície da terra é uma massa de água aberta, como um rio, ribeiro ou lago. Todas as águas naturalmente abertas à atmosfera (rios, lagos, reservatórios, ribeiros, represas, mares, estuários, etc.) e todas as nascentes, poços ou outros colectores diretamente influenciados pelas águas de superfície.

Por "águas de superfície" entende-se os cursos de água perenes e sazonais, lagos, lagoas e águas de maré, pântanos, cursos de água e outras massas de água, naturais ou artificiais. A água da maioria dos rios e lagos é designada por água doce porque tem um baixo teor de sais. Este facto torna-a potável para as pessoas, embora muitas vezes não seja segura para beber devido a contaminação química ou biológica. A água do mar, que é rica em sais, não é facilmente potável.

Por "zona húmida" entende-se uma massa de água aberta; uma área inundada ou saturada por águas superficiais ou subterrâneas com uma frequência e duração suficientes para suportar e que, em circunstâncias normais, suportará uma prevalência de vegetação tipicamente adaptada à vida em condições de solo saturado, geralmente conhecida como vegetação hidrófita. As zonas húmidas incluem geralmente pântanos, brejos, turfeiras e áreas semelhantes.

Existem diferentes tipos de massas de água de superfície nos blocos Ausgram I e II. Trata-se de rios, *nadis,* riachos, lagoas, lagos, canais, tanques, etc. O rio Ajay corre e forma o limite norte dos blocos. O rio Kunur Nadi corre na parte central dos blocos. Kanakhori Nadi e Kandor Nadi correm a sudoeste e Kandar Nadi corre a sudeste da área de estudo. No ano de 1972, as massas de água de superfície cobriam 7% do total das terras da área de estudo. Em 2008, diminuiu gradualmente para 5%. De 1972 a 2008, as massas de água reduziram-se em 2% da cobertura total do solo (Figuras: 5.1, 5.2, e 5.3. As actividades humanas são as principais responsáveis pela conversão das massas de água em terrenos agrícolas e urbanizados.

- **Lagos**

Os lagos são massas de água de dimensão moderada a grande. Os lagos são normalmente considerados pequenas massas de água pouco profundas, normalmente com uma área inferior a um acre (0,4 ha), em que a luz solar penetra no fundo em toda a área. Os lagos são maiores e mais profundos e a luz solar pode não penetrar totalmente no fundo do lago. Os lagos reagem às alterações ambientais, nomeadamente à luz solar, à temperatura e ao vento, o que, por sua vez, tem influência sobre os animais e as plantas que aí vivem. Os lagos cobriam 192,6 hectares de terra na área de estudo.

- **Rios e riachos**

"Curso de água" é um canal aberto, relativamente natural, que recolhe e drena os fluxos numa bacia hidrográfica. Um curso de água pode ser perene, intermitente ou efémero e é geralmente definido pela largura total da margem do canal. Os cursos de água não incluem os canais artificiais construídos apenas com o objetivo de fornecer direitos de água adjudicados ou desvios trans-bacias ou para recolher e transportar águas pluviais de propriedades para o sistema municipal de recolha de águas pluviais.

Os rios e riachos formam uma rede de canais que drenam a água de uma grande área de terra chamada bacia de drenagem. No interior de uma bacia de drenagem, a rede fluvial assemelha-se normalmente aos ramos de uma árvore, com muitos canais mais pequenos, denominados afluentes, que drenam para um rio principal final.

No presente estudo, considerámos as massas de água em que as águas superficiais ou pluviais se armazenam ou se deslocam continuamente durante mais de três meses por ano. O comprimento dos principais rios e riachos no presente estudo é de 263,68 km (Tabela: 5.2 e Figura: 3.2).

Tabela: 5.2

Pormenores das massas de água superficiais dos blocos I e II de Ausgram

N.º de Sl.	Massas de água Nome	Comprimento (K.M.)
1	Rio Ajay	37.95
2	Kunur Nadi	166.3
3	Kanakhori Nadi	3.142
4	Kandor Nadi	13.09
5	Kandar Nadi	23.77
6	Khari Nadi	19.42
7	Canal do ramal de Durgapur	48.32
8	Canal do Ramal de Damodar	21.383
9	Canal do ramal de Panagarh	38.30
10	Distribuidor n.º 7ABC	4.771
11	Distribuidor n.º 7BC	3.005
12	Distribuidor n.º 8BC	2.064

Fonte: Cálculo do autor

- Canal

Os canais são construídos pelo homem para desviar a água. Existem muitos canais que atravessam os quarteirões: Durgapur Branch Canal, Panagarh Branch Canal, Damodar Branch Canal. Estes canais correm principalmente da parte ocidental para a parte central dos quarteirões. Alguns dos canais fornecem água crucial r necessária para a irrigação. As áreas dos blocos com irrigação por canal estão a ser cultivadas três vezes por ano. O comprimento total dos canais na região de estudo é de 117,84 km (Tabela: 5.2 e Figura: 3.2).

Tanques, lagos e pequenos riachos também estão distribuídos por toda a área de estudo. Estas massas de água são uma fonte de água muito importante para os blocos Ausgram I e II, tanto para fins agrícolas como domésticos.

No ano de 1972, 7% da terra total dos blocos estava sob as massas de água de superfície. Em 2002, reduziu-se para cerca de 5% da terra nos blocos Ausgram I e II. A partir de imagens de satélite e através de verificação no terreno, verificou-se que alguns charcos estão a ser convertidos em terrenos agrícolas e até em povoações. Felizmente, não se registou mais nenhuma redução das massas de água, que continuaram a representar cerca de 5% do total das terras em 2008.

5.3.6 Terra árida

Terra estéril é a terra com capacidade limitada para suportar a vida e sobre a qual menos de um terço da área tem vegetação ou outra cobertura. Em geral, é uma área de solo fino, areia ou rochas. A vegetação, se presente, é mais espaçada e arbustiva do que a da categoria de arbustos e matos das pastagens. Condições invulgares, como chuvas fortes, resultam ocasionalmente no crescimento de uma cobertura vegetal mais luxuriante e de curta duração. As terras húmidas, não vegetadas e estéreis estão incluídas na categoria de zonas húmidas não florestadas.

As terras podem parecer estéreis devido às actividades humanas. Quando se pode razoavelmente inferir da fonte de dados que a terra voltará à sua utilização anterior, não é incluída na categoria estéril, mas classificada com base no seu local e situação. As terras agrícolas, por exemplo, podem estar temporariamente sem cobertura vegetal devido à época de cultivo ou às práticas de lavoura. Do mesmo modo, as terras industriais podem ter depósitos de resíduos e de rejeitos e as áreas de terras florestais geridas intensivamente podem ter blocos de corte raso evidentes. Quando nem a utilização anterior nem a futura podem ser discernidas e a área se encontra obviamente num estado de transição de utilização do solo, é considerada uma terra estéril.

De acordo com o sistema indiano de classificação da ocupação do solo, as terras estéreis incluem todas as terras estéreis e não cultiváveis, como montanhas, desertos, etc. As terras que não podem ser cultivadas, exceto a um custo exorbitante, devem ser classificadas como não cultiváveis. As zonas estéreis ou com pouca vegetação representam, na maioria das vezes, terra nua ou solo. Estas terras são as exposições rochosas, desprovidas de cobertura vegetal e de solo e não são adequadas para o cultivo. São principalmente assinaladas nas exposições graníticas que se encontram fora dos limites da floresta notificada.

Na atual área de estudo existem poucas terras estéreis. O rio Ajay depositou areias em alguns locais na parte norte, ao longo das linhas de caminho de ferro. Em 1972, cobria 0,13% da área total de estudo em . Em 2002, cobria 0,27% da área total de estudo e, em 2008, 0,20% (Figura: 5.1, 5.2 e 5.3.

A ocupação do solo dos blocos Ausgram I e II sofreu alterações nos últimos 36 anos. Existem várias formas de alteração. O coberto florestal regista uma redução gradual. O coberto florestal reduzido foi principalmente acrescentado a terras agrícolas, construídas e atualmente em pousio. Os terrenos agrícolas também sofrem alterações devido à pré-monção e à monção, e alguns terrenos agrícolas são convertidos em terrenos construídos, florestas artificiais e pousios actuais. Especificamente, as terras agrícolas foram convertidas em pousios actuais principalmente devido a problemas de escassez de água. Os pousios actuais foram convertidos em florestas construídas e artificiais e em terras agrícolas. As massas de água de superfície foram convertidas em terras agrícolas, pousios actuais e terras construídas devido ao crescimento da população (Figura: 5.4 & Tabela: 5.1).

Figura: 5.4

Utilização do solo Cobertura do solo de Ausgram Block I & II

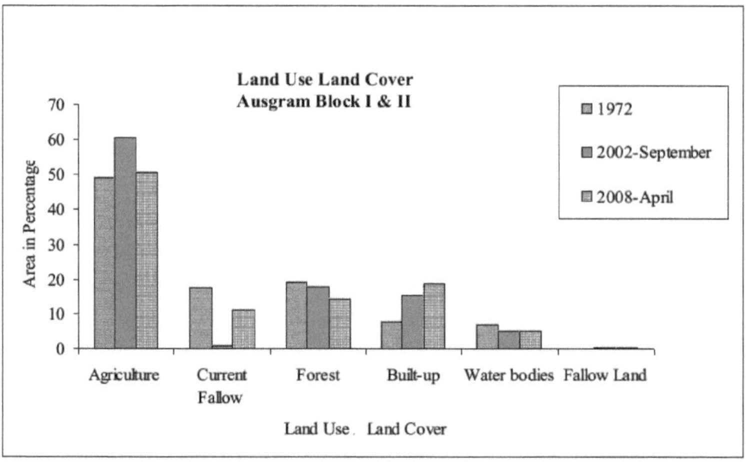

5.4 Conclusão

Os blocos Ausgram I e II são regiões agrícolas muito importantes do distrito de Burdwan, em Bengala Ocidental. A alteração da ocupação do solo nas últimas três décadas (36 anos) foi analisada com base em dados de satélite e mapas topográficos de dois períodos diferentes. A análise revelou que as massas de água de superfície e o coberto florestal estão a diminuir. É necessário um controlo imediato da desflorestação e do esgotamento destes recursos sensíveis do ponto de vista ambiental. O rápido crescimento da população humana tem tido uma grande relevância para a produção agrícola. Mas a área de estudo tem o problema dos recursos hídricos e as zonas agrícolas estão a perder as suas terras para os pousios e as terras construídas. É necessário tomar medidas imediatas para recuperar os recursos hídricos e florestais e também as terras agrícolas. Caso contrário, a região poderá enfrentar problemas como a segurança alimentar, a fome e as secas.

Capítulo 6

POTENCIALIDADE DOS RECURSOS HÍDRICOS NA REGIÃO

A disponibilidade de água desempenha um papel muito importante na decisão sobre a natureza e a extensão da ocupação do solo (LULC) de qualquer região. O LULC, o conjunto de componentes bióticos e abióticos e a sua modificação para obter resultados benéficos, é uma das propriedades mais importantes do sistema terrestre. Atualmente, as LULC estão a ser gravemente afectadas devido ao esgotamento da tão necessária água.

Desde tempos imemoriais que os agricultores das zonas secas "colhem" águas de superfície para irrigação. A "recolha de água" é aqui definida como a recolha do escoamento superficial principalmente para fins agrícolas e domésticos. Atualmente, foi adoptada uma abordagem de "bacia hidrográfica" para a recolha de água. Vale a pena mencionar que "bacia hidrográfica" é a área que capta a água da precipitação. É uma "região de recursos" onde o ecossistema está intimamente ligado ao recurso básico "água". Uma bacia hidrográfica é considerada como uma unidade ideal de gestão da água (Prinz, 1995, 1996).

O estudo dos recursos hídricos ganhou uma nova dimensão com a utilização do Sistema de Informação Geográfica (SIG). Vários investigadores utilizaram dados SIG e RS para a gestão dos recursos hídricos e a modelação hidrológica. Tauer & Humborg (1992) utilizaram dados de RS e um SIG para determinar os locais potenciais para a captação de água.

Em todos os estudos acima referidos, a análise morfométrica da bacia de drenagem em causa foi o aspeto fundamental do estudo. Em quase todos os casos, a unidade de estudo era a bacia hidrográfica, mas raramente a bacia de drenagem estava confinada à região administrativa e, por conseguinte, torna-se difícil para os administradores implementarem os planos de desenvolvimento. No presente estudo, efectuámos uma análise morfométrica de uma região administrativa para identificar a zona potencial de captação de água ial. Neste caso, considerámos como recursos geomórficos o relevo relativo, o índice de robustez, o declive, a densidade de drenagem e a ocupação do solo dos blocos Ausgram I e II do distrito de Burdwan, em Bengala Ocidental. Os recursos geomórficos foram avaliados e a potencialidade das águas superficiais nesta região administrativa foi identificada, tendo sido apresentadas sugestões sobre as zonas adequadas para o armazenamento ou a recolha de água.

6.1 A água como fator determinante do LULC do Bloco

A disponibilidade de recursos hídricos tem sido o fator determinante da utilização do solo na região de estudo. Na parte do quarteirão onde a irrigação do canal está disponível durante todo o ano, a agricultura tem sido a principal forma de LULC dessa parte. O cultivo é aí praticado, pelo menos, três vezes por ano. Por outro lado, na parte com terreno pouco acidentado e sem disponibilidade de irrigação, a agricultura está totalmente dependente da precipitação e ocorre uma vez por ano.

6.1.1 Necessidade de gestão dos recursos hídricos

O investimento e o desenvolvimento de infra-estruturas de irrigação têm sido uma prioridade de longa data na Índia. Em 1950-1951, a superfície líquida irrigada na Índia era de 21 milhões de hectares, tendo-se expandido para perto de 100 milhões de hectares em 2006 (30,56% do total de terras agrícolas) na Índia. Reduziu a instabilidade da produção e proporcionou proteção contra as secas periódicas. Programas como o "Bharat Nirman" aceleram a criação de potencial de irrigação e estão a ser envidados esforços para melhorar o desempenho dos sistemas de irrigação existentes, a fim de colmatar o fosso entre o potencial criado e utilizado e melhorar a eficiência/produtividade global da utilização da água. O crescimento da irrigação é a chave para o sucesso do aumento da produção agrícola e da segurança alimentar da Índia.

Os avanços nos satélites de deteção remota e nas comunicações proporcionaram muitas novas oportunidades para gerar e transmitir informações sobre o clima, a água e a agricultura. A utilização de dados de teledeteção por satélite em muitos estudos que abordam o inventário de base, a avaliação do desempenho e a monitorização fornece contributos durante a estação, monitoriza o progresso físico da criação potencial, gera contributos para a avaliação da viabilidade de novos projectos, impactos ambientais como o registo de água e a salinidade do solo, gestão de reservatórios, etc. Isto ajudaria os departamentos no terreno a lidar com a escassez de água e a aumentar a eficiência da utilização da água através da integração da informação geo-espacial com as suas práticas convencionais.

6.1.2 Gestão de bacias hidrográficas

A bacia hidrográfica é uma unidade hidrológica natural, considerada como a base mais adequada para a gestão integrada sustentável dos recursos hídricos e do solo. A gestão judiciosa e a conservação do solo e dos recursos hídricos numa base de bacia hidrográfica são indispensáveis para manter a produtividade. A caraterização e a definição de prioridades das bacias hidrográficas são passos essenciais na gestão integrada dos recursos terrestres. A caraterização das bacias hidrográficas envolve a medição de parâmetros relacionados, tais como geológicos, hidro-geológicos, geomorfológicos, hidrológicos, do solo, da ocupação do solo, etc. A tecnologia de teledeteção pode ser utilizada eficazmente para a caraterização de bacias hidrográficas e para a avaliação da prioridade das bacias hidrográficas, avaliação de problemas, potencialidades, requisitos de gestão e monitorização periódica. Os dados de teledeteção facilitam grandemente a cartografia da floresta, do coberto vegetal, da geologia e dos solos da bacia hidrográfica, o que ajudaria no estudo da utilização dos solos, do potencial da bacia hidrográfica, da degradação, etc. Estes dados, juntamente com a informação baseada no solo, podem ser utilizados para interpretações gerais e de reconhecimento das classes de aptidão das terras, classes de aptidão para a irrigação, potenciais utilizações das terras, áreas de captação de água, monitorização dos efeitos das medidas de conservação das bacias hidrográficas, correlação do escoamento superficial e da produção de sedimentos de diferentes bacias hidrográficas e monitorização das alterações da utilização das terras e da sua degradação.

6.1.3 Colheita de água

A captação de água para a agricultura em terras secas é uma tecnologia tradicional de gestão dos recursos hídricos destinada a atenuar a futura escassez de água em muitas regiões áridas e semi-áridas do mundo. A escolha da técnica adequada depende da quantidade de precipitação e da sua distribuição, da topografia do terreno, do tipo e profundidade do solo e de factores socioeconómicos locais. Os métodos de captação de água incluem práticas muito diferentes, como a colocação de barreiras, a abertura de fossos, a captação de água de microbacias, a captação de águas de inundação e a captação de águas subterrâneas.

Os blocos Ausgram I e II do estudo são considerados como uma região de stress hídrico. A precipitação média anual da região é de 117 mm, abaixo da média nacional. A temperatura média anual é de 21,29^{0}C. A precipitação máxima ocorre nos meses de julho (314 mm) e a mínima nos meses de dezembro (4 mm). A atual área de estudo cobre 7% da sua área total com massas de água superficiais (Tabela: 5.2). Os recursos geomórficos existentes e as massas de água superficiais são medidos e analisados utilizando os mapas topográficos do Survey of India (SOI) e já foram discutidos no capítulo quatro. A análise ajuda a identificar a zona potencial de águas superficiais. As zonas podem ser utilizadas para armazenar o excesso de precipitação para utilização nos períodos mais secos.

6.2 Identificação da zona potencial de águas superficiais

A maior parte das áreas dos blocos Ausgram I e II são afectadas por condições de stress hídrico. Como resultado, o cultivo da região de estudo sofre quase todos os anos. A maior parte das terras agrícolas está a ser cultivada apenas uma vez por ano. Foi feita uma tentativa de identificar as zonas potenciais de águas superficiais da região de estudo. Os recursos geomórficos (Relevo Relativo, Índice de Robustez, Declive, Frequência de massas de água superficiais e Densidade de Drenagem) são utilizados para preparar as zonas.

Tabela: 6.1

Identificação das zonas de águas potenciais de superfície

N.º de Sl.	Recursos Geomórficos	Valor	Zonas
1	Índice mínimo de robustez	<0,0078 RI/km2	Superfície **máxima** Zona de Potencial Hídrico
	Alívio Relativo Mínimo	< 3,00 M/km2	
	Densidade máxima de drenagem	3.00 Km Comprimento do rio / km2	
	Declive mínimo	< 20.00'	
	Máximo das massas de água de superfície	> 15 / km2	
2	Índice de robustez moderada	0,0078 - 0,0157 RI/km2	Superfície **moderada** Zona de Potencial Hídrico
	Alívio relativo moderado	3,00 - 6,00 M/km2	
	Densidade de drenagem moderada	2,00 - 3,00 Comprimento do rio (Km)/Quilómetros quadrados	
	Declive moderado	20.00 - 30.00'	
	Moderado Massas de água de superfície	10 - 15 / km2	
3	Índice de robustez máxima	> 0,0157 RI/km2	Zona de potencial **mínimo de** águas superficiais
	Alívio relativo máximo	> 6 M/km2	
	Densidade mínima de drenagem	<1.00 Comprimento do rio (Km)/ km2	
	Inclinação máxima	>30.00'	
	Mínimo de massas de água de superfície	< 10 / km2	

Fonte: Cálculo do autor

Com a ajuda dos critérios acima referidos (Tab le: 6.1), identificámos e classificámos as zonas de potencial de águas superficiais em três categorias, ou seja, Zona de Potencial Máximo de Águas Superficiais, Zona de Potencial Moderado de Águas Superficiais e Zona de Potencial Mínimo de Águas Superficiais dos Blocos Ausgram I e II (Figura: 6.1).

Nesta área de estudo, a Zona de Potencial Máximo de Águas Superficiais abrangeu 8% da superfície terrestre e está distribuída nas partes central, sudeste, noroeste e nordeste da área de estudo. A Zona de Potencial Moderado de Água Superficial abrangeu 2% da superfície terrestre e está distribuída nas partes noroeste, centro-sul e sudeste da área de estudo. A Zona de Potencial Mínimo de Águas Superficiais abrangeu 89% da superfície terrestre e está distribuída no máximo da área de estudo. O mapa da zona de potencial hídrico superficial (Figura: 6.1) mostra que a área máxima é afetada por problemas de stress hídrico (cerca de 89%). Em geral, podemos dizer que os recursos hídricos superficiais são pobres na área de estudo.

Figura: 6.1

Zona de potencial de águas superficiais

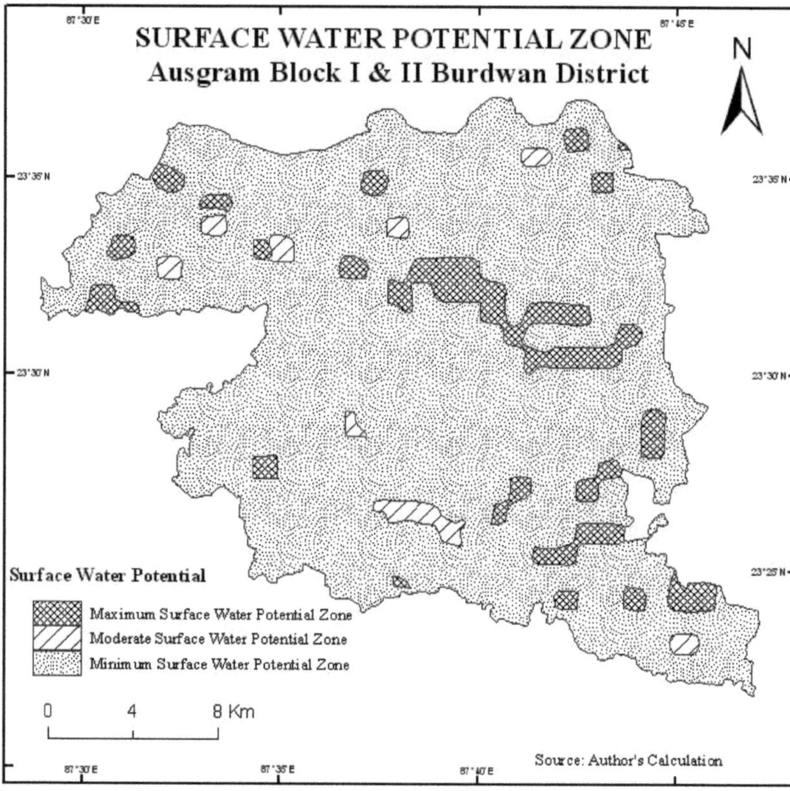

6.3 Identificação de zonas de captação de água adequadas

Juntamente com as camadas de recursos geomórficos, sobrepusemos a ocupação do solo do bloco e tentámos identificar os locais adequados para a captação de água (Tabela: 6.2).

Tabela: 6.2

Zonas potenciais de captação de água

N.º de Sl.	Propriedades Geomórficas	Valor	Zona
1	Índice mínimo de robustez	<0,0078 RI/km2	**Água máxima** **Zona de potencial de**
	Alívio Relativo Mínimo	< 3,00 M/km2	

	Densidade máxima de drenagem	3.00 Km Comprimento do rio / Sq.km	**colheita.**
	Declive mínimo	< 20.00'	
	Cobertura do solo (massas de água)	Rio, lagoas	
	Máximo das massas de água de superfície	> 15 / km2	
	Zona de potencial máximo de águas superficiais		
2	Índice de robustez moderado	0,0078 - 0,0157 RI/km2	**Água moderada Zona de potencial de colheita**
	Alívio relativo moderado	3,00 - 6,00 M/km2	
	Densidade de drenagem moderada	2,00 - 3,00 Comprimento do rio (Km)/Quilómetros quadrados	
	Declive moderado	20.00 - 30.00'	
	Cobertura do solo (pousio atual)	Desflorestação	
	Moderado Massas de água de superfície	10 - 15 / km2	
	Zona de Potencial Moderado de Águas Superficiais		
3	Índice de robustez máxima	> 0,0157 RI/km2	**Água mínima Zona de potencial de colheita**
	Alívio relativo máximo	> 6 M/km2	
	Densidade mínima de drenagem	<1.00 Comprimento do rio (Km)/ km2	
	Inclinação máxima	>30.00'	
	Cobertura do solo (Floresta)	Natural e artificial	
	Mínimo de massas de água de superfície	< 10 / km2	
	Zona de potencial mínimo de águas superficiais		

Fonte: Cálculo do autor

A **Zona de Potencial Mínimo de Captação de Água** cobre 81% da área total de estudo. A zona está distribuída nas partes sudoeste, sul, central e nordeste. A maior parte das terras não é adequada para a recolha de águas superficiais porque, aqui, o índice de robustez, o relevo relativo, o declive são elevados e a densidade de drenagem e a frequência de massas de água superficiais são muito fracas. Na parte sudoeste da área de estudo, as massas de água de superfície são muito poucas , o relevo também é mais elevado. A área máxima desta zona está coberta por floresta natural e construção. Estas terras não dispõem de instalações de irrigação e não se praticam aqui culturas múltiplas.

A **Zona de Potencial Moderado de Captação de Água** abrange 6% da área de estudo. A zona está distribuída nas partes noroeste, sul, sudeste e central da área de estudo. Esta zona abrange as propriedades geomórficas que se encontram a um nível moderado e a utilização da terra é atualmente em pousio, onde se verifica alguma forma de desflorestação e as pessoas também escavam o solo como material de construção de casas.

O restante terreno, 13%, apresenta **uma zona de potencial máximo de recolha de água.** Esta zona é caracterizada por um índice mínimo de robustez, relevo relativo, declive e densidade máxima de drenagem e frequência de massas de água. A ocupação do solo desta zona inclui massas de água (lagoas, lagos, canais e ribeiros). Sugerimos esta zona como a zona de máxima potencialidade de captação de águas superficiais.

Figura: 6.2

Zona potencial de recolha de águas superficiais

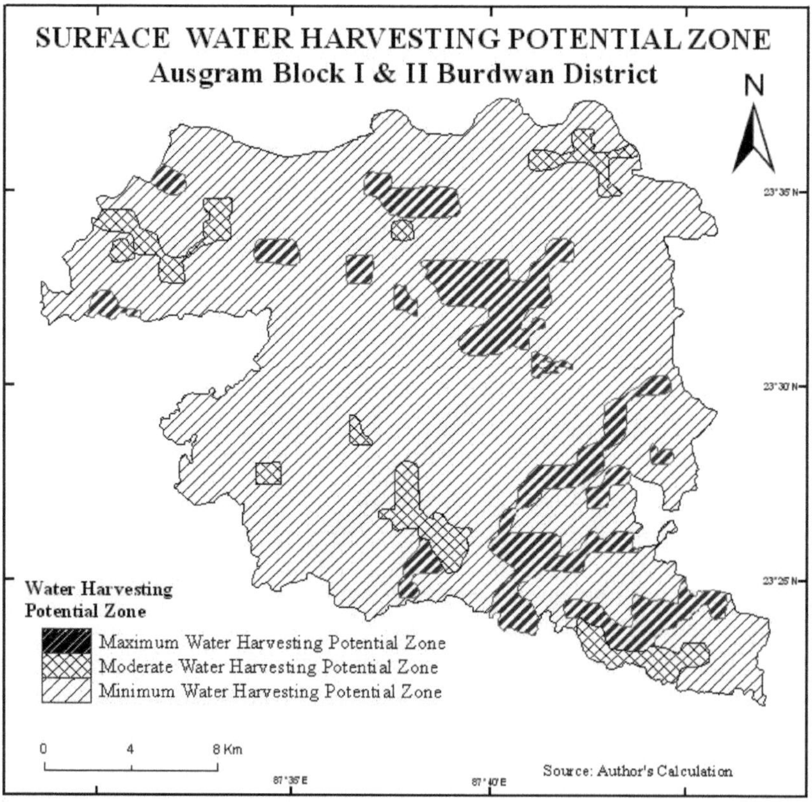

6.4 Conclusão

A Índia enfrenta quase todos os anos o problema da escassez de água para fins agrícolas, domésticos e outros. ure, domestic and other proposes in almost every year. O problema varia tanto na sua escala espacial como temporal. No presente estudo, apenas a agricultura foi tida em consideração porque a agricultura é a principal fonte de rendimento da população local. As propriedades químicas das terras são suficientemente boas para o cultivo. Selecionámos alguns atributos geomórficos e analisámo-los. Os atributos morfométricos básicos considerados para o presente estudo são o Relevo Relativo, o Declive, a Frequência de massas de água superficiais, a Densidade de Drenagem, o Índice de Robustez e a ocupação do solo da região.

A ocupação do solo é considerada um indicador importante da disponibilidade de recursos hídricos. A presença de recursos hídricos determina a natureza e a extensão das actividades económicas primárias. Uma parte da área de estudo está diretamente sujeita a stress hídrico e a agricultura é severamente afetada devido à indisponibilidade de água. Se os recursos hídricos estiverem garantidos, a região pode ser facilmente convertida numa boa região agrícola.

Com base nos recursos geomórficos, sugerimos algumas zonas potenciais de recolha de águas superficiais. Nestas zonas, consideramos que o excesso de água da estação das chuvas pode ser armazenado para utilização futura. Estas zonas podem ser de grande ajuda para aumentar a intensidade da agricultura e aumentar os rendimentos das pessoas dependentes das actividades agrícolas.

As zonas de potencial máximo de captação de água são altamente adequadas para a captação de água durante a estação das chuvas. Através da verificação no terreno, confirmámos que a região tem o rio Kunur. É um rio efémero, mas transporta muitos recursos hídricos durante a estação das chuvas. A região tem uma topografia ondulante e um sistema de drenagem eficiente. Se a água corrente for retardada ou armazenada nas depressões existentes ou em lagos para utilização futura, a água corrente pode ser convertida em recursos muito mais utilizáveis.

As zonas com maior potencial de captação de água estão distribuídas por todos os blocos. A zona cobre cerca de 13,08 por cento da área total de estudo. A zona de potencial moderado de captação de água cobre cerca de 2% da área total de estudo. Assim, se cerca de 15% da área total de estudo puder ser utilizada como zona de armazenamento de água, a economia da região pode ser alterada de forma positiva. Os charcos secos podem ser convertidos em zonas de armazenamento permanente de água, o que pode ter muitas outras possibilidades económicas, para além da tão necessária importância ecológica.

A avaliação dos recursos geomórficos e a reavaliação da ocupação do solo existente na região são também necessárias para o planeamento e gestão da ocupação do solo mais benéfica.

Capítulo 7

PLANEAMENTO DA UTILIZAÇÃO E OCUPAÇÃO DO SOLO

A agricultura é, de longe, a atividade económica mais importante do mundo. Utiliza um terço da superfície terrestre total e emprega 45% da população ativa. A agricultura tem sido descrita como a criação intencional de gado e culturas para as necessidades humanas. A palavra "intencional" exclui os caçadores e os recolectores que não domesticaram as plantas e os animais que utilizam como alimento (Grigg David, 1995).

Quase três quartos da população da Índia vive em aldeias e depende direta ou indiretamente das actividades agrícolas para a sua subsistência. A agricultura na Índia é o meio de subsistência de quase dois terços da força de trabalho do país. Foi sempre o sector económico mais importante da Índia. Desde a década de 1970, a Índia assistiu a um enorme aumento da produção de trigo, que deu origem à "Revolução Verde" no país. O aumento da produção agrícola pós-independência foi conseguido através do aumento das áreas cultivadas, da extensão das instalações de irrigação, da utilização de melhores sementes, de melhores técnicas, da gestão da água e da proteção das plantas (Agriculture in India Study report, 2001).

A agricultura é o principal meio de subsistência de mais de 58,4% da população da Índia (Equipa de Gestão de Conteúdos do Portal Nacional, revisto em: 29-042011). Contribui com aproximadamente um quinto do produto interno bruto (PIB) total. A agricultura é responsável por cerca de 10% do total das receitas de exportação e fornece matérias-primas a um grande número de indústrias. No entanto, as taxas de crescimento baixas e voláteis e a recente escalada da crise agrária em várias partes do interior da Índia constituem uma ameaça não só para a segurança alimentar nacional, mas também para o bem-estar económico da nação no seu conjunto.

A agricultura é a principal fonte de rendimento da população de Bengala Ocidental, tal como no resto da Índia. Cerca de 7 % da população total depende da agricultura para a sua subsistência. O Estado tem 3% do total das terras cultiváveis da Índia, mas é responsável por 8% do total de cereais alimentares produzidos no país. As principais culturas cultivadas no Estado incluem o arroz, o trigo, a juta, o chá, a batata, a cana-de-açúcar, as leguminosas e as oleaginosas, etc.

Barddhaman é o distrito do estado de Bengala Ocidental que tem a sorte de ter tanto a indústria como a concentração agrícola no seu território. Em média, cerca de 58 % da população total pertence à população agrícola, enquanto o sector não agrícola representa os restantes 42 %.

As zonas oriental, setentrional, meridional e central do distrito são intensamente cultivadas, mas o solo da parte ocidental, sendo de tipo laterítico extremo, é impróprio para o cultivo, exceto nos vales estreitos e depressões com solo rico e boa humidade.

Ausgram é um dos blocos do distrito de Burdwan que se situa na zona de transição entre a parte ocidental laterítica e a planície fértil do Ganges, a leste. Já foi dito que a ocupação do solo do bloco não é economicamente sustentável. A disponibilidade de recursos hídricos também não é satisfatória para a região. Mas é possível melhorar muito os recursos terrestres e hídricos da região através de uma investigação adequada dos recursos terrestres e do solo. É feita aqui uma tentativa muito necessária para avaliar os recursos da terra e do solo para um melhor planeamento da ocupação do solo. Acredita-se que este plano será benéfico para o benefício económico dos aldeões locais e, ao mesmo tempo, também para o benefício ecológico.

O presente estudo tem por objetivo avaliar os recursos geomórficos, a disponibilidade de água e o estado nutricional do solo de algumas aldeias selecionadas do bloco Ausgram de Burdwan. As aldeias foram selecionadas de acordo com a lista de aldeias desfavorecidas do Governo de Bengala Ocidental. As três aldeias selecionadas de Ausgram são Dombandi, Bhalki e Radhamohanpur.

A aldeia de Dombandhi tem duas folhas cadastrais. Abrange uma área de 300 hectares e a população total da aldeia é de 294 pessoas (2011). O principal trabalhador da aldeia constitui 54% da população total e 51% do total de trabalhadores são trabalhadores agrícolas e 2% dos trabalhadores são cultivadores.

A aldeia de Bhalki tem cinco folhas cadastrais. Abrange uma área de 961,8 hectares e a população total da aldeia é de 2272 pessoas (2011). O principal trabalhador da aldeia constitui 38% da população total e 16% do total de trabalhadores são trabalhadores agrícolas e 19% dos trabalhadores são cultivadores.

A aldeia de Radhamohanpur tem quatro folhas cadastrais. Abrange uma área de 403 hectares e a população total da aldeia é de 90 pessoas (2011). O principal trabalhador da aldeia constitui 62% da população total e 62% do total de trabalhadores são trabalhadores agrícolas e não há cultivadores aqui presentes.

As três aldeias são contíguas e, no seu conjunto, cobrem uma área de 1625 hectares. Para um estudo abrangente, as três aldeias são combinadas e será efectuado todo o estudo para a avaliação dos recursos geomórficos, dos recursos hídricos, da ocupação do solo, dos recursos do solo e do planeamento de uma ocupação do solo alternativa, economicamente rentável e ecologicamente sustentável.

Figura: 7.1

Mapa geológico

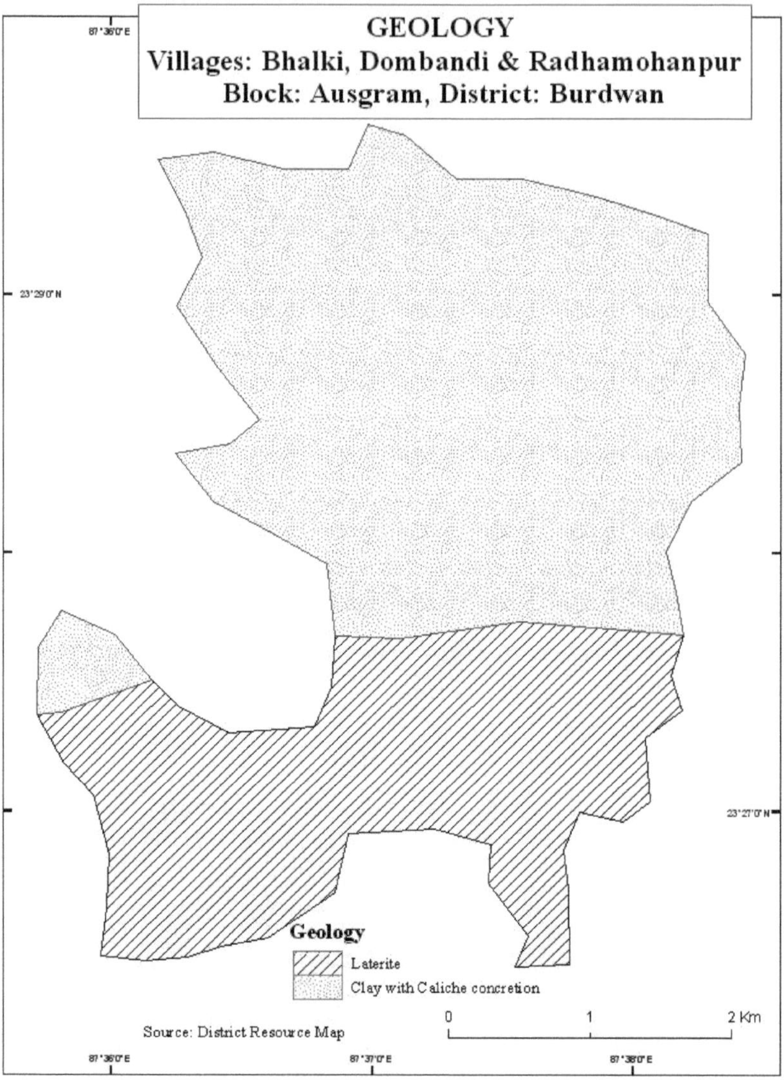

7.1 Avaliações dos recursos geomórficos para a aldeia s

As condições geomórficas e os atributos eomórficos, tal como já foi referido e avaliado como recursos geomórficos, são também estudados para estas três aldeias. Os indicadores importantes são: Relevo Absoluto, Relevo Relativo, Declive, Índice de Robustez, Frequência de Drenagem e Densidade de Drenagem.

7.1.1 Alívio relativo

O relevo relativo é um dos métodos para descrever o relevo local de qualquer parte da superfície terrestre. A elevação máxima de 70 m encontra-se na parte centro-oeste da área de estudo e a elevação mínima de 60 m encontra-se na parte leste da área de estudo. O relevo relativo das aldeias foi estudado utilizando duas categorias, ou seja, <3 m e 3 a 6 m por cada quilómetro quadrado. Na parte norte e sudoeste da área de estudo, o relevo relativo é inferior a três metros por quilómetro quadrado e cobre 53% da área total. Na parte leste e central da área de estudo, o relevo relativo é de três a seis metros por quilómetro quadrado e cobre 47% da área total (Figura: 7.2 & Tabela: 7.1).

Figura: 7.2

Alívio relativo

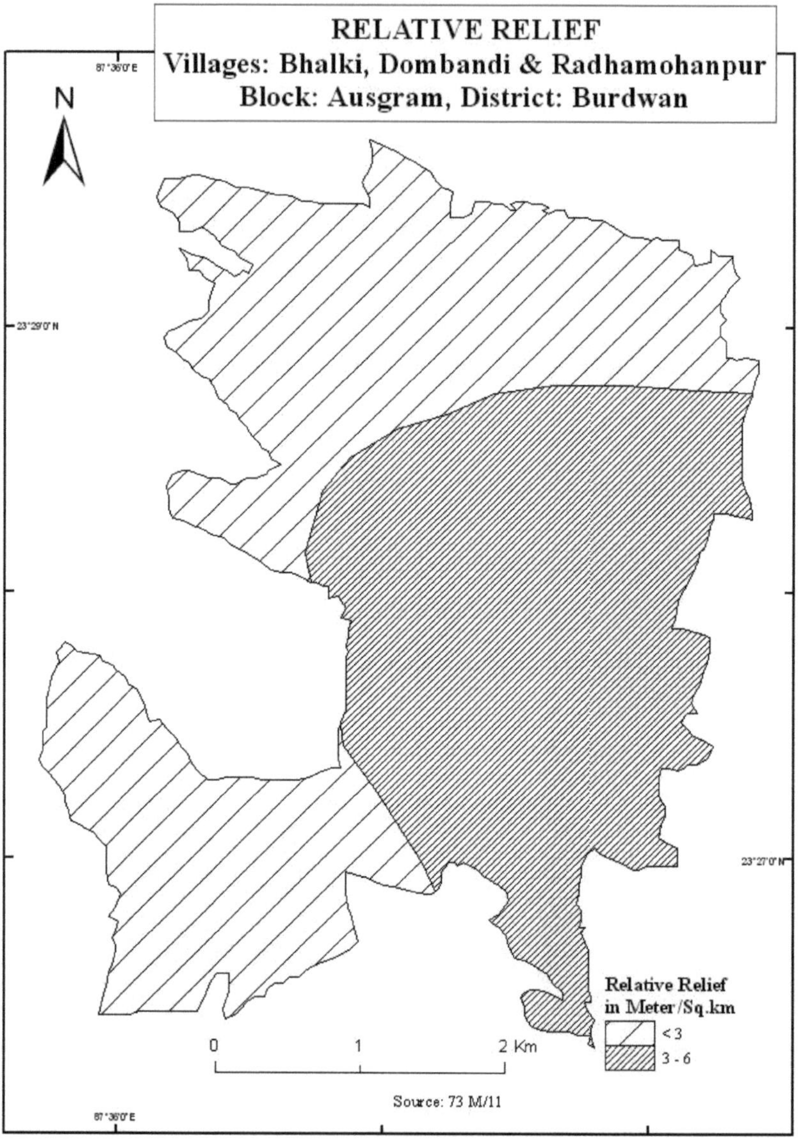

Tabela: 7.1

Alívio relativo

Relative Relief in Meter		
Class	**Area in Hector**	**Area in %**
<3	879.6	52.86
3--6	784.4	47.14
Total	**1664**	**100**

Fonte: Cálculo do autor

Este relevo relativo baixo indica que a região é quase plana e que está a atingir uma fase madura de evolução geomórfica. O relevo relativo mais baixo sugere que, se houver disponibilidade de água, a região pode ser convertida numa região agrícola muito boa. Embora a área máxima esteja coberta pela zona de relevo relativo <3m/km2, a presença de recursos hídricos superficiais é escassa. Consequentemente, a zona de relevo relativo baixo não pôde ser convertida numa boa zona agrícola.

7.1.2 Declive

O declive do terreno é um dos aspectos fisiográficos importantes que influenciam a utilização agrícola das terras de uma zona. O declive das aldeias em estudo não é muito elevado. O declive das aldeias foi classificado em cinco zonas: < 10', 10 - 20', 20 - 30', 30 - 10 e >10. A inclinação máxima encontra-se na parte sul, oeste e central e a inclinação mínima encontra-se na parte norte, leste e sudeste (Figura: 7.3 & Tabela: 7.2). A zona de declive mínimo e, < 10' está distribuída a leste da área de estudo e cobre um por cento da área total. A zona de declive 10' - 20' cobre 61% da área total. As terras de baixa inclinação podem ser facilmente utilizadas para actividades agrícolas se existirem outros recursos necessários para tal.

Tabela: 7.2

Declive

Inclinação em graus		
Classe	**Área em Hector**	**Área em %**
>10	3.37	0.20
30'-1^0	24.13	1.45
20'-30'	602.30	36.20
10'-20'	1015.00	61.00
<10'	19.20	1.15
Total	**1664.00**	**100.00**

Fonte: Cálculo do autor

Figura: 7.3

Declive

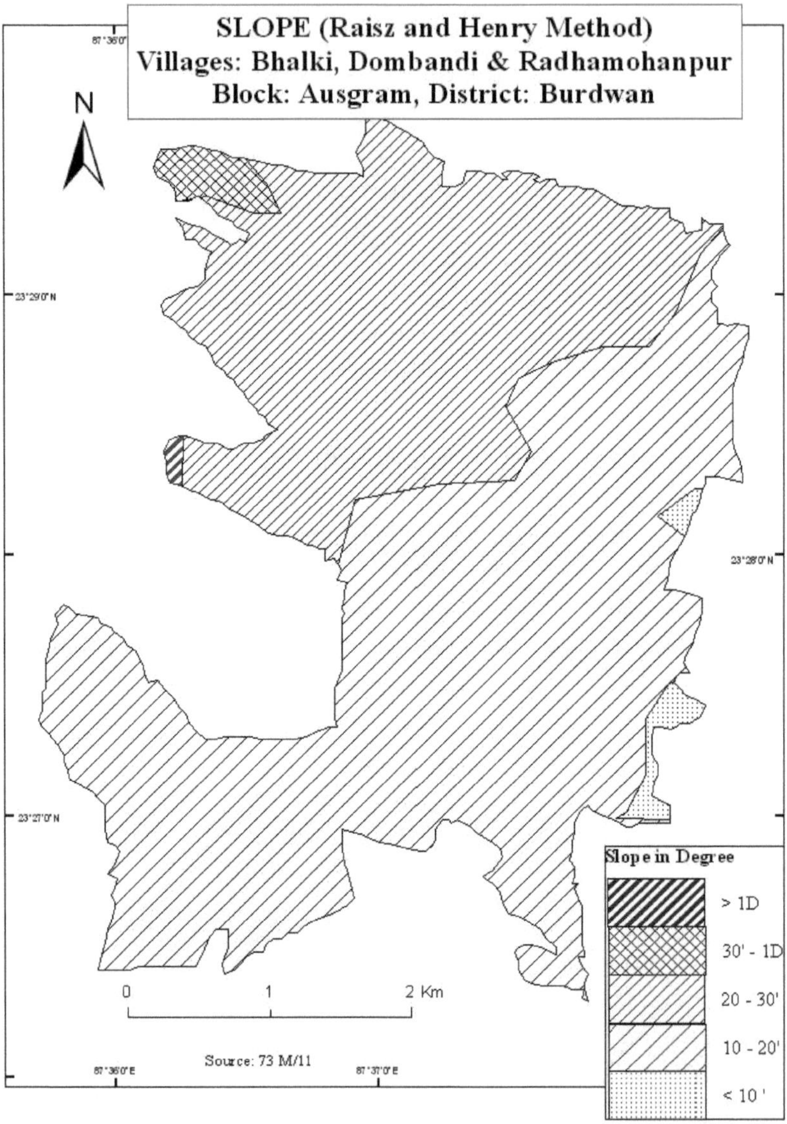

7.1.3 Frequência das massas de água de superfície

Existem muitas massas de água, tanto naturais como artificiais, nas aldeias. Foi calculado o número de massas de água por quilómetro quadrado de grelha. Foram traçadas isolinhas dos dados e a região foi classificada em quatro zonas, de acordo com a frequência de drenagem. As zonas de frequência de drenagem são <2, 2 - 10, 10 - 15 e > 15. A área máxima de estudo enquadra-se na categoria < 2 de frequência de drenagem. A zona está distribuída nas partes sudoeste, oeste, noroeste, norte e nordeste da área de estudo e cobre 67% da área total. A zona de duas a dez massas de água por km2 está distribuída na parte sul, centro-sul e centro-leste da área de estudo e cobre 13% da área total. 10 -15 massas de água por km2 distribuem-se na parte centro-leste da área de estudo e cobrem 13% da área total. A zona com mais de 15 massas de água por km2 está distribuída na parte oriental da área de estudo e cobre 7% da área total (Figura 7.4 & Tabela 7.3). Pode ser verdade que a área de estudo tem muitas massas de água. Infelizmente, a má gestão das massas de água torna-as incapazes de reter a tão necessária água na maior parte do ano. A realidade no terreno mostra que estas massas de água acrescentam pouca água à região nos períodos mais secos.

Tabela: 7.3 Frequência das massas de água de superfície

Frequência das massas de água de superfície		
Classe	**Área em Hectare**	**Área em %**
>15	116.00	6.97
10-15	210.80	12.67
2-10	214.20	12.87
<2	1123.00	67.49
Total	**1664.00**	**100.00**

Fonte: Cálculo do autor

Figura: 7.4

Frequência das massas de água de superfície

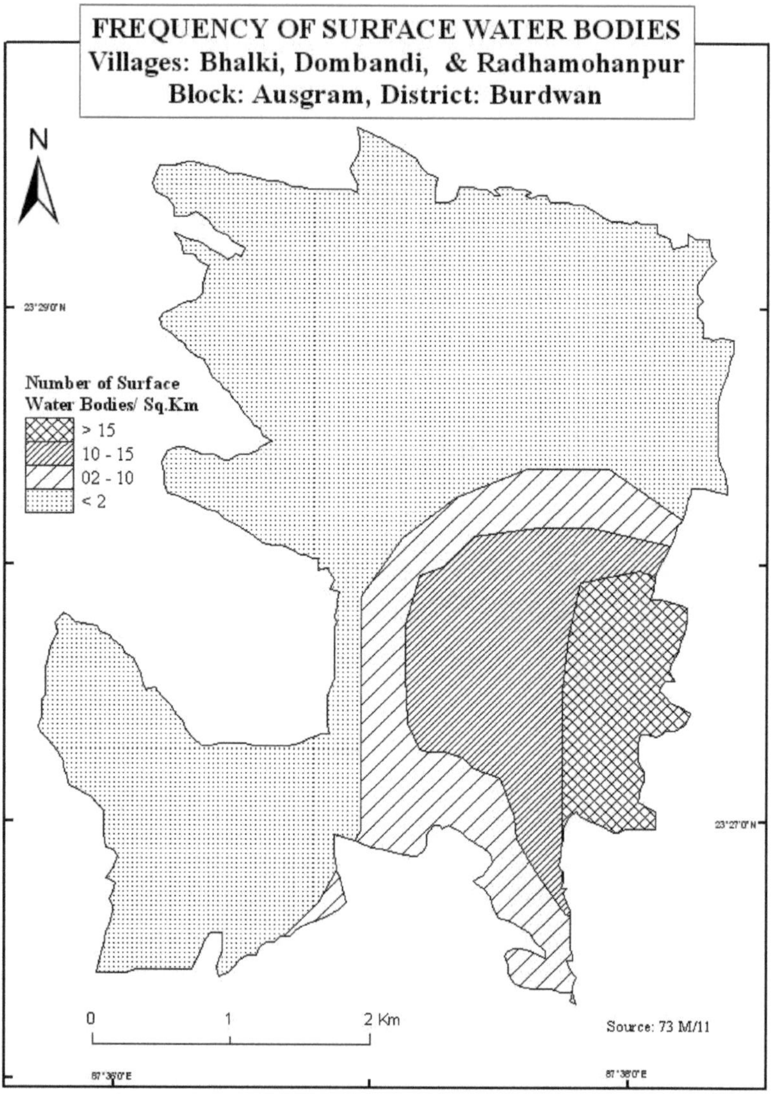

7.1.4 Densidade de drenagem

A densidade de drenagem é definida em como o comprimento total dos cursos de água de todas as ordens por unidade de área. A densidade de drenagem da área de estudo foi medida, e foram traçadas isolinhas para classificar a região em duas categorias, <1 km/km^2 e 1-2 km/km^2. A zona de densidade de drenagem inferior a um km/km^2 está distribuída nas partes sul, central e nordeste da área de estudo e cobre 54% da área total. A zona de densidade de drenagem de um a dois km/km^2 está distribuída nas partes centro-norte e sudeste da área de estudo e cobre 46% da área total de estudo (Figura 7.5 & Tabela 7.4).

A partir do estudo da densidade de drenagem, pode parecer que a área pode ter uma quantidade significativamente boa de recursos hídricos superficiais. Mas a realidade no terreno mostra que a maior densidade de drenagem se deve à origem de alguns cursos de água de primeira ordem das terras altas e não contribui significativamente para a disponibilidade de água na região.

Tabela: 7.4
Densidade de drenagem

Drainage Density Km/Km^2		
Class	**Area in Hectare**	**Area in %**
01- 02	760.50	45.70
<1	903.50	54.30
Total	**1664.00**	**100.00**

Fonte: Cálculo do autor

Figura: 7.5

Densidade de drenagem

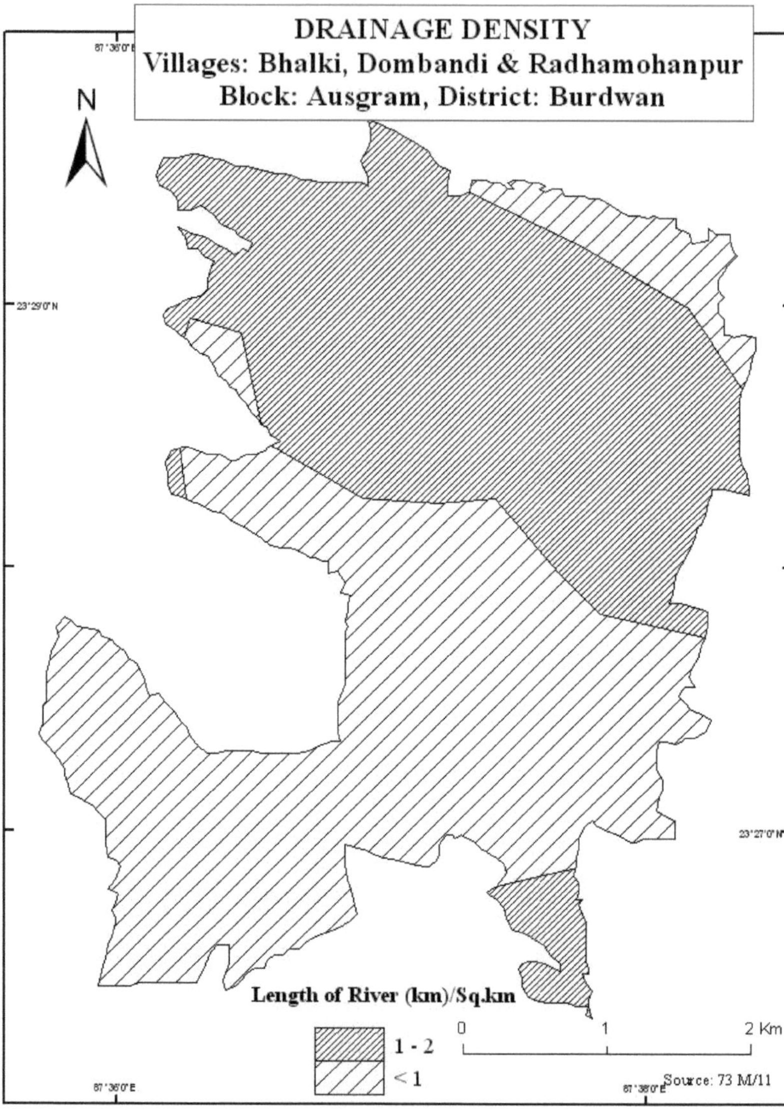

7.2 Solo

O solo pode ser definido como um corpo natural que se desenvolve como resultado do processo pedogénico que ocorre durante e após a meteorização das rochas e no qual as plantas e outras formas de vida são capazes de crescer. Forma um manto superficial solto que cobre a crosta terrestre (Daji, Kadam e Patil, 2001). Na presente área de estudo

(Bhalki, Dombandi e Radhamohanpur), recolhemos amostras de solo de 41 localizações geográficas diferentes. Foi efectuada uma análise das propriedades químicas para avaliar a fertilidade das 46 amostras de solo.

Tabela: 7.5

Amostras de solo e suas propriedades químicas

Sl. Não	Nome da aldeia	Geo-localização		pH	CE mmhos/cm	OC %	N kg/ha	P_2O_5 kg/ha	K_2O kg/ha
		Norte	Leste						
1	Bhalki	23°27.' 16.1"	87°37' 12.6"	5.74	0.08	0.22	238.33	6.9	26.88
2	Bhalki	23°27' 30"	87°37' 44"	5.68	0.07	0.26	204.19	9.2	43.76
3	Bhalki	23°28' 04"	87°37' 50"	5.20	0.04	0.18	229.28	11.5	107.52
4	Bhalki	23°28' 13"	87°37' 56"	5.27	0.03	0.36	279.28	10.2	40.32
5	Bhalki	23°26' 48.6"	87°27' 31.8"	4.79	0.03	0.38	239.04	8.9	45.32
6	Bhalki	23°27' 53"	87°37' 49"	4.92	0.03	0.16	247.74	18.1	67.20
7	Bhalki	23°27' 31.9"	87°37' 15.6"	4.98	0.06	0.28	257.50	18.4	69.30
8	Bhalki	23°28' 28"	87°37' 42"	4.92	0.05	0.30	260.64	11.2	80.64
9	Bhalki	28°28.3' 31.4"	87°37' 40.7"	4.96	0.04	0.38	271.10	16.1	34.10
10	Bhalki	23°28' 31.4"	87°37' 40.7"	6.52	0.06	0.30	207.32	18.4	67.20
11	Bhalki	23°28' 04"	87°37' 50"	4.90	0.05	0.22	213.60	13.8	120.96
12	Bhalki	23°28'47"	87°37' 54"	4.71	0.03	0.30	223.00	7.6	53.20
13	Bhalki	23°28' 31"	87°31' 40.7"	5.05	0.03	0.18	224.05	6.6	36.20
14	Bhalki	23°28' 20.7"	87°37' 08.2"	5.25	0.03	0.20	213.24	12.3	80.64
15	Bhalki	23°28' 25"	87°37' 53"	5.32	0.05	0.30	246.30	14.3	44.13
16	Bhalki	23°27' 16.1"	87°37' 12.6"	5.58	0.06	0.34	251.22	8.2	107.52
17	Bhalki	23°27' 20"	87°37' 48"	6.90	0.08	0.40	228.92	78.2	94.08
18	Bhalki	23°28' 25"	87°37' 53"	5.63	0.04	0.38	266.90	11.5	107.52
19	Bhalki	23°28' 40"	87°37' 46"	5.5 3	0.05	0.40	256.87	12.3	35.10
20	Bhalki	23°27' 27"	87°37' 51"	5.30	0.04	0.26	228.92	69.9	255.34
21	Bhalki	23°27' 57"	87°37' 52"	4.75	0.02	0.10	181.88	15.6	94.08
22	Bhalki	23°26' 39.9"	87°37' 32.5"	4.80	0.05	0.38	295.48	11.5	39.10
23	Bhalki	23°27' 12"	87°37' 29"	4.78	0.06	0.34	238.68	64.4	28.88
24	Bhalki	23°27' 47"	87°38' 51"	6.26	0.09	0.78	453.00	46	519.84
25	Dombandi	23°26' 34.7"	87°36' 32.08"	4.89	0.02	0.16	232.06	17.6	53.76
26	Dombandi	23°26' 46.04"	87°35' 58.34"	4.31	0.04	0.30	261.40	9.2	65.20
27	Dombandi	23°27' 43.6"	87°35' 47.01"	4.50	0.04	0.32	247.74	18.4	29.88
28	Dombandi	23°27' 43.6"	87°35' 47.01"	4.32	0.02	0.22	250.88	10.5	53.76
29	Dombandi	23°27' 09"	87°36' 20.7"	4.71	0.01	0.36	250.88	15.6	27.88
30	Dombandi	23°27' 43.6"	87°35' 47.01"	4.56	0.02	0.14	168.99	16.9	161.28
31	Radhamohanpur	23°28' 16.14"	87°36' 38"	5.55	0.02	0.14	169.34	10.9	134.40

32	Radhamohanpur	23º29' 12.06"	87º37' 05.37"	5.70	0.07	0.40	244.60	16.8	147.84
33	Radhamohanpur	23º28' 59.03"	87º36' 14"	6.70	0.01 3	0.38	216.38	23.0	362.88
34	Radhamohanpur	23º29' 33"	87º36' 10.03"	4.92	0.07	0.50	244.60	27.6	108.52
35	Radhamohanpur	23º29' 21.05"	87º37' 11.03"	4.80	0.03	0.30	332.60	29.9	40.32
36	Radhamohanpur	23º28' 23.22"	87º37' 13.47"	4.49	0.05	0.36	235.20	11.5	40.33
37	Radhamohanpur	23º29' 31.01"	87º37' 11.03"	4.10	0.04	0.28	258.20	12.3	33.45
38	Radhamohanpur	23º28' 52.03"	87º36' 14"	4.43	0.01	0.28	210.88	14.6	41.41
39	Radhamohanpur	23º29' 11"	87º36' 54"	4.58	0.02	0.40	297.92	16.1	40.32
40	Radhamohanpur	23º28' 23.22"	87º37' 13.47"	4.45	0.01	0.48	300.19	9.2	31.44
41	Radhamohanpur	23º29' 31.01"	87º37' 11.03"	4.68	0.01	0.16	263.42	14.6	40.32

7.2.1 pH (Potência de Hidrogénio)

O pH do solo é provavelmente a propriedade química do solo mais frequentemente medida. Uma vez que o pH (o logaritmo negativo da atividade do ião hidrogénio na solução) é uma função inversa ou negativa, o pH do solo diminui à medida que o ião hidrogénio ou a acidez aumentam na solução do solo. Um pH do solo de 7 é considerado neutro. Os valores de pH do solo superiores a 7 significam condições alcalinas, enquanto os valores inferiores a 7 indicam condições ácidas. O pH do solo varia normalmente entre 4 e 8,5, mas pode ser tão baixo como 2 em materiais associados à oxidação da pirite e à drenagem ácida de minas.

O pH do solo tem uma profunda influência no crescimento das plantas. O pH do solo afecta a quantidade, a atividade e os tipos de microrganismos nos solos que, por sua vez, influenciam a decomposição de resíduos de culturas, estrume, lamas e outros produtos orgânicos. Afecta também outras transformações de nutrientes e a solubilidade ou disponibilidade para as plantas de muitos nutrientes essenciais para as plantas. O fósforo, por exemplo, está principalmente disponível em solos ligeiramente ácidos a ligeiramente alcalinos, enquanto todos os micronutrientes essenciais, exceto o molibdénio, se tornam mais disponíveis com a diminuição do pH. O alumínio, o manganês e mesmo o ferro n podem tornar-se suficientemente solúveis a um pH inferior a 5,5 para se tornarem tóxicos para as plantas. As bactérias, que são importantes mediadores de numerosos mecanismos de transformação de nutrientes nos solos, tendem geralmente a ser mais activas em condições ligeiramente ácidas a alcalinas.

O mapa do pH do solo da área de estudo (Figura: 7.6) mostra que os solos de toda a área pertencem a condições ácidas (valor de pH <7). O valor máximo de pH do solo (6,9) encontra-se na parte central da área e o valor mínimo de pH do solo (4,1) encontra-se na parte nordeste da área de estudo. O pH da região foi dividido em quatro zonas de pH do solo, ou seja, <5, 5,0 - 5,5, 5,5 -6,0 e > 6 valores de pH. A primeira zona (<5) está distribuída em quase todas as direcções da área de estudo, norte, nordeste, sudeste, sul, sudoeste, oeste e noroeste da área de estudo e cobre 64% da área total. A segunda zona (5.0 - 5.5) está distribuída pelas partes central, centro-norte, centro-oeste, centro-sul e leste da área de estudo e cobre 20% da área total. A terceira zona (5,5 - 6,0) distribui-se pelas partes central, centro-norte, centro-oeste, centro-sul e leste da área de estudo e cobre 12% da área total. A última zona (>6,0) está distribuída pelas partes e central e leste central da área de estudo e cobre 3% da área total de estudo (Figura: 7.6 & Tabela: 7.6).

Tabela: 7.6

pH (potência de hidrogénio)

pH (potência de hidrogénio)		
Classe	**Área em Hectare**	**Área em %**
<5	1066.00	64.21
5.0-5.5	350.90	20.50
5.5-6.0	194.40	11.80
>6.0	52.70	3.49
Total	**1664.00**	**100.00**

Fonte: Cálculo do autor

Para a maioria das culturas agronómicas, um pH do solo de 6,0 a 7,0 é ideal para o crescimento das culturas, no entanto, a gama de tolerância do pH para várias espécies de culturas pode variar. Na presente área de estudo, a zona de pH < 5 pH é adequada para o crescimento da planta de caju, a zona de valor de pH de 5,0 a 5,5 é adequada para o cultivo de amendoim, porque se obtêm rendimentos elevados de amendoim em solos com reação ácida moderada (pH do solo 5,0 a 6,4), sendo os solos alcalinos indesejáveis. As forragens de painço crescem bem em níveis de pH do solo entre 5,5 e 7,0. O pH do solo próximo do neutro (pH 6,0 a 7,0) é muito adequado para a cultura da papaia.

Figura: 7.6

Purificação de Hidrogénio (ph)

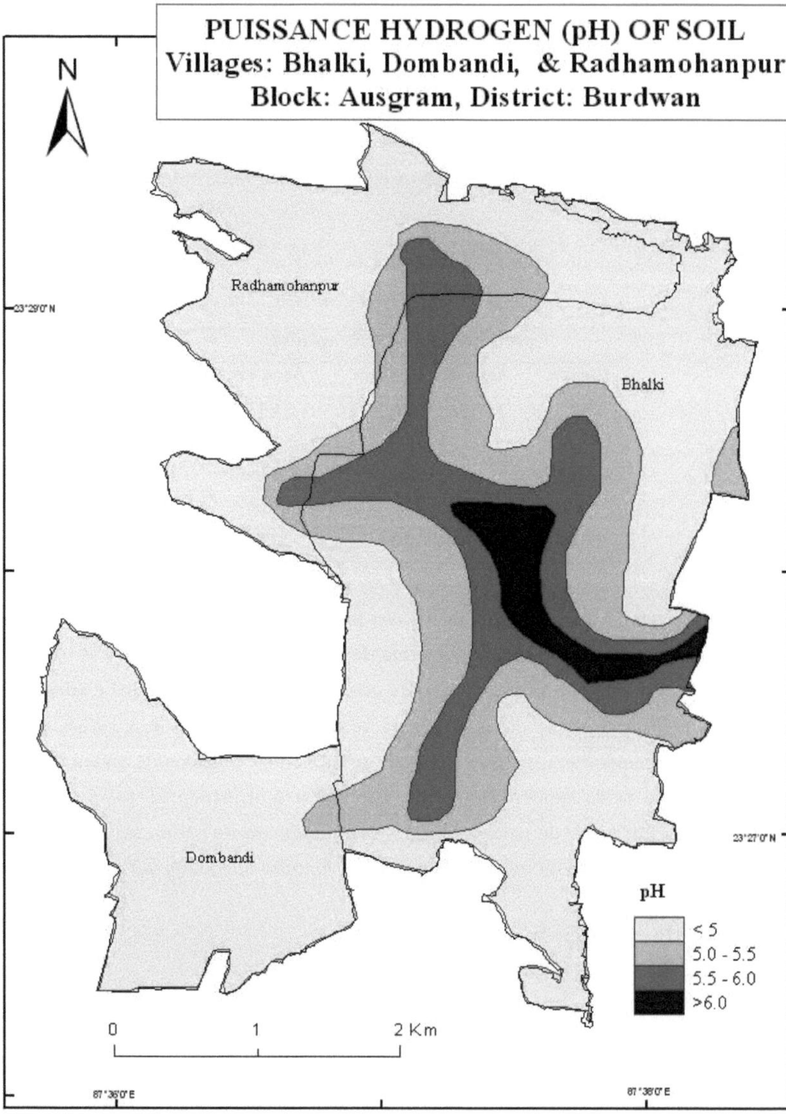

7.2.2 Condutividade eléctrica (CE)

A Condutividade Eléctrica do Solo (CE) é uma medida que integra muitas propriedades do solo que afectam a produtividade das culturas. Influencia o teor de água, a textura do solo, a matéria orgânica do solo, a profundidade das argilas, a salinidade, o cálcio (Ca) e o magnésio (Mg) permutáveis. A condutividade eléctrica é a capacidade de um material transmitir (conduzir) uma corrente eléctrica e é normalmente expressa em unidades de milisiemens por metro (mS/m). As medições da CE do solo também podem ser comunicadas em unidades de decisiemens por metro (dS/m), que é igual à leitura em mS/m dividida por 100. Os solos com espaços porosos cheios de água que estão diretamente ligados aos poros do solo vizinhos tendem a conduzir a eletricidade mais facilmente. Os solos com elevado teor de argila têm numerosos e pequenos poros cheios de água que são bastante contínuos e normalmente conduzem melhor a eletricidade do que os solos arenosos. Curiosamente, a compactação normalmente aumenta a CE do solo. Os solos secos têm uma condutividade muito mais baixa do que os solos húmidos. O aumento da concentração de electrólitos (sais) na água do solo aumentará drasticamente a CE do solo.

A partir do mapa de Condutividade Eléctrica (CE) do solo (Figura: 7.7) das aldeias, o valor máximo de CE (0,09mmhos/cm) encontra-se na parte oriental e o valor mínimo de CE encontra-se em r nas partes sudoeste, oeste, noroeste e norte da área de estudo. O atual mapa de condutividade eléctrica do solo foi dividido em três zonas, isto é, <0,03, 0,03 - 0,05 e >0,05. A primeira zona (<0,03) está distribuída pelas partes sudoeste, oeste, noroeste, norte e nordeste da área de estudo e cobre cerca de 44% da área total. A segunda zona (0,03 - 0,05) distribui-se pelas partes sudoeste, oeste, noroeste, este, sudeste e centro da área de estudo e cobre 35% da área total. A última zona (>0,05) está distribuída pelas partes central, sul, leste, centro-norte e noroeste da área de estudo e cobre 21% da área total de estudo (Figura: 7.7 & Tabela: 7.7).

Tabela: 7.7

Condutividade eléctrica

Condutividade eléctrica (CE) em mmhos/cm		
Classe	**Área em Hectare**	**Área em %**
<0.03	726.40	43.65
0.03-0.05	589.70	35.44
>0.05	347.90	20.91
Total	**1664.00**	**100.00**

Fonte: Cálculo do autor

Figura: 7.7

Condutividade eléctrica (CE)

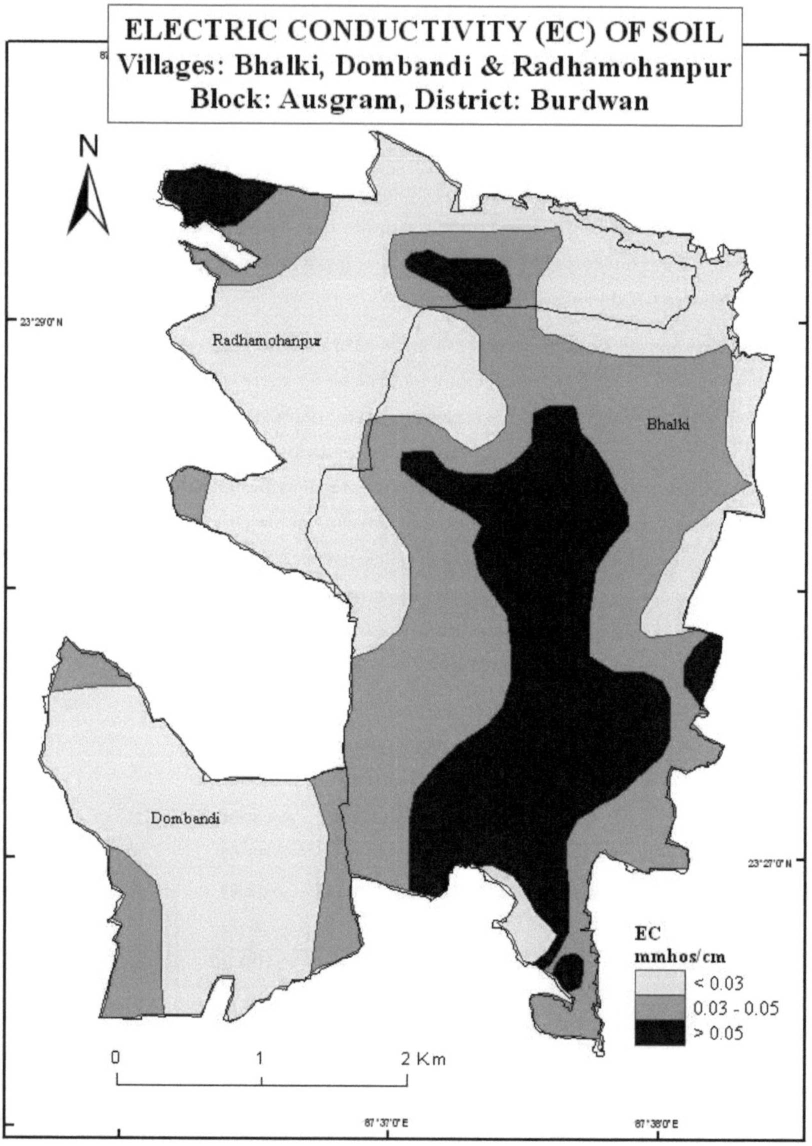

7.2.3 Carbono orgânico (CO)

A presença de matéria orgânica em decomposição no solo é indicativa de que os processos sintéticos já estão activos no solo e que as actividades bioquímicas que complementam as actividades químicas também já começaram. As plantas e os animais (macro e micro) crescem em materiais degradados e os resíduos orgânicos deixados para trás decompõem-se com o tempo e tornam-se parte integrante do solo. A principal fonte de matéria orgânica do solo são os tecidos vegetais e os animais são a fonte subsidiária de matéria orgânica do solo. As minhocas, centopeias, formigas, etc. também desempenham um papel importante na translocação dos resíduos vegetais. A gravidade e a infiltração de água fazem descer as moléculas de carbono através do perfil do solo, tornando-as disponíveis para consumo. No entanto, algumas formas de carbono decompõem-se mais facilmente do que outras. O carbono "mais antigo" no perfil do solo é muito mais resistente à decomposição e permanece armazenado no solo. A matéria orgânica do solo beneficia diretamente a comunidade microbiana do solo e influencia indiretamente todos os outros organismos, em particular as plantas. Os nutrientes contidos na matéria orgânica não estão imediatamente disponíveis para as plantas. Em vez disso, os micróbios têm primeiro de iniciar o processo de decomposição e obter energia a partir do carbono orgânico. À medida que a matéria orgânica se decompõe, nutrientes como o azoto e o fósforo são libertados no solo e ficam então disponíveis para serem absorvidos pelas plantas.

O mapa de Carbono Orgânico (CO) do solo (Figura: 7.8) da área de estudo mostra que o máximo de Carbono Orgânico (0,5%) está disponível nas partes noroeste e oeste e o valor mínimo de Carbono Orgânico (0,1%) está disponível na parte leste da área de estudo. A concentração de carbono orgânico da região é dividida em duas zonas, ou seja, <0,5% e >0,5. A primeira zona (<0,5%) está distribuída pelas partes norte, nordeste, leste, sudeste, sul, sudoeste e norte da área de estudo e cobre 83% da área total. A segunda zona (>0,5%) está distribuída pelas partes noroeste, oeste e centro-leste da área de estudo e cobre 17% da área total (Figura: 7.8 & Tabela: 7.8).

Tabela: 7.8

Carbono orgânico (CO)

Carbono orgânico (CO) em percentagem		
Classe	**Área em Hectare**	**Área em %**
<0.5	1379.3	82.87
>0.5	284.7	17.13
Total	**1664.00**	**100.00**

Fonte: Cálculo do autor

Figura: 7.8

Carbono orgânico (CO)

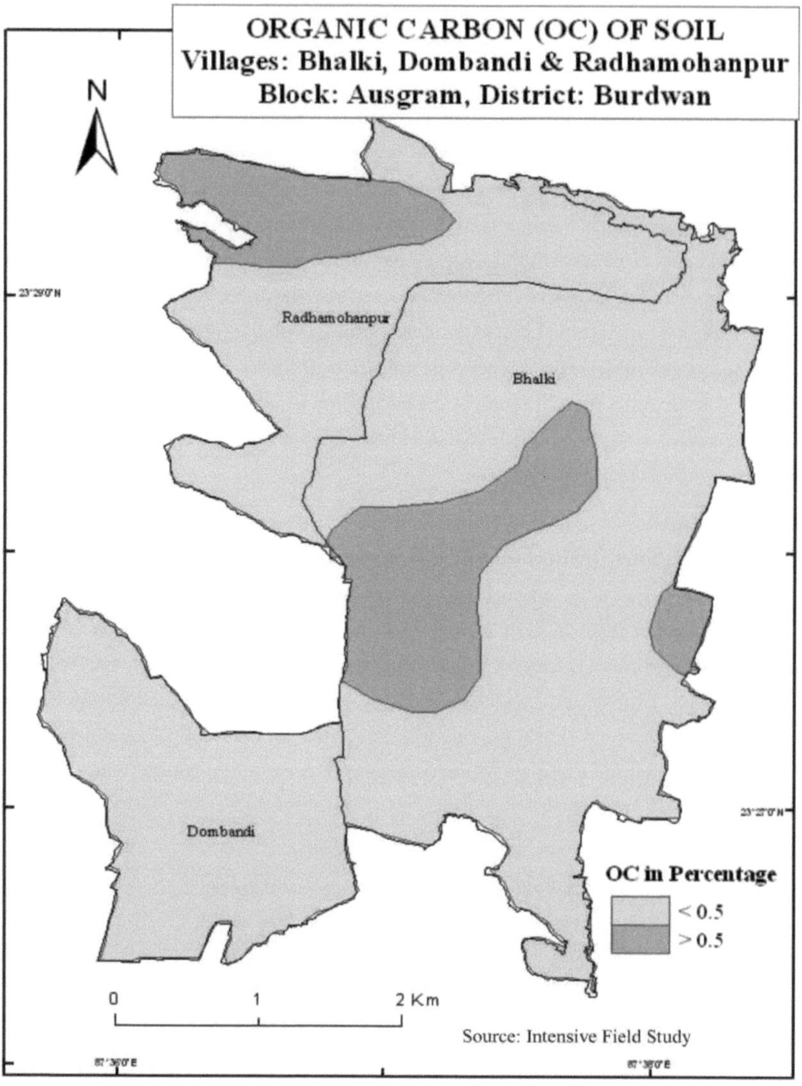

7.2.4 Azoto (N)

O azoto é o nutriente que as plantas necessitam em maior quantidade. A concentração de azoto nas plantas varia entre cerca de 0,5 e 5% em base de peso seco. Uma vez que a maioria das plantas tem uma necessidade bastante elevada de azoto e a maioria dos solos não pode fornecer azoto suficiente para satisfazer esta procura, o azoto é normalmente suplementado através de fontes de fertilizantes orgânicos ou inorgânicos.

A fonte final de todo o azoto nos solos é a atmosfera. O azoto como N2 não está diretamente disponível para ser absorvido pela maioria das plantas. As leguminosas, em simbiose com determinadas espécies do género bacteriano Rhizobium, transformam o N2 gasoso na forma disponível para as plantas, com capacidades de fixação de N2 que variam entre cerca de 40 e mais de 300 lbs N/acre/ano r.

O azoto é um ingrediente essencial para a produção de alimentos suficientes para uma população mundial em expansão. Uma gestão adequada do azoto pode diminuir o potencial de impactos ambientais negativos.

Tabela: 7.9

Estado do azoto no solo

Nitrogen Status in Soil, kg/ha		
Class	**Area in Hectare**	**Area in %**
<250	1050.3	63.12
>250	613.7	36.88
Total	**1664.00**	**100.00**

Fonte: Cálculo do autor

O mapa do estado do azoto (Figura: 7.4) da área de estudo mostra que a quantidade máxima de azoto (N) está disponível na parte oriental (453 kg/ha) da área de estudo e a mínima está disponível na parte ocidental (168,99 kg/ha). Classificámos o azoto do solo mapa em duas zonas, isto é, <250 kg/ha e >250 kg/ha. A primeira zona (<250 kg/ha) está distribuída nas partes sul, sudeste, central, noroeste e nordeste da área de estudo e cobre 63% da área total. A segunda zona (<250) está distribuída nas partes oeste, sudoeste, leste, central, nordeste e nordeste da área de estudo e cobre 37% da área total (Figura: 7.9 & Tabela: 7.9).

Figura: 7.9

Azoto (N)

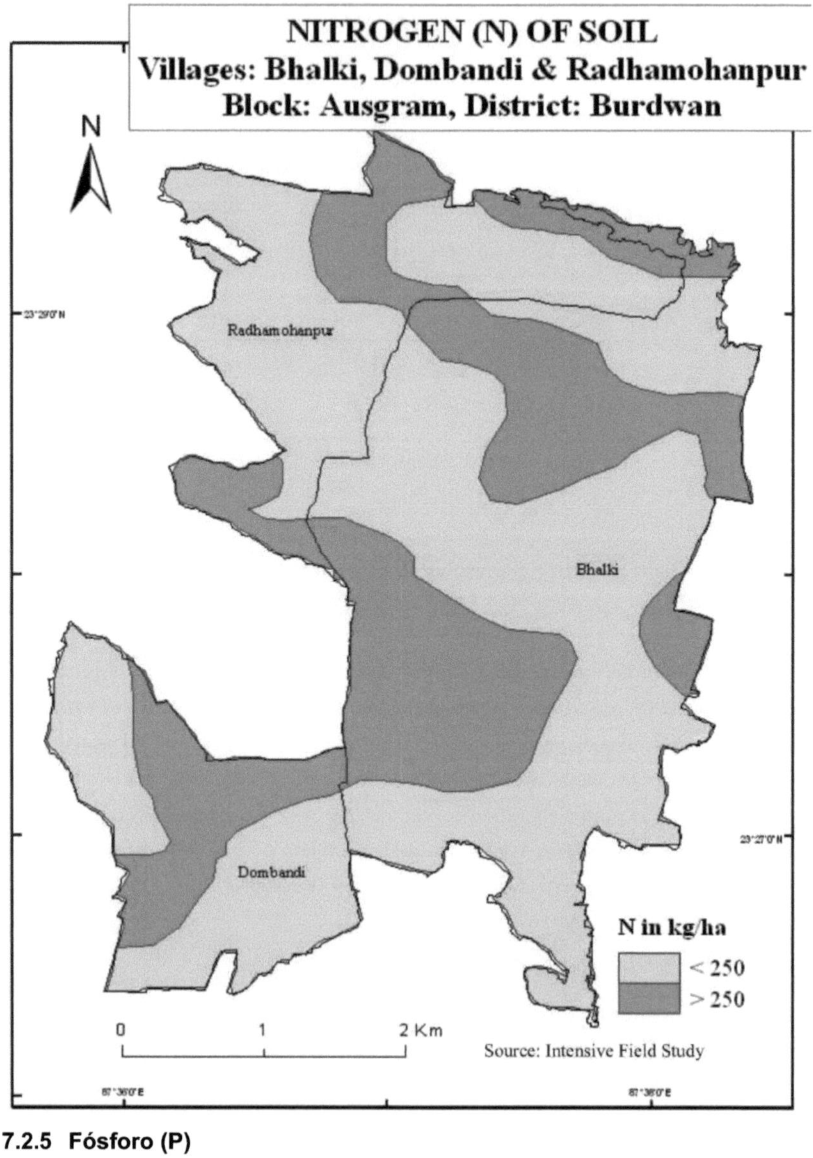

7.2.5 Fósforo (P)

O fósforo presente na matéria orgânica do solo representa cerca de 20 a 65% do fósforo total encontrado nos solos. Por conseguinte, a mineralização do fósforo da matéria orgânica do solo é uma fonte importante de fósforo disponível para o crescimento das plantas. O fósforo ocupa o segundo lugar, a seguir ao azoto, como nutriente limitante para o crescimento das plantas. Embora as formas deste elemento disponíveis para as plantas sejam aniónicas, o fósforo é imóvel em solos com um teor apreciável de colóides, porque tende a ficar fortemente ligado a estas partículas minúsculas. O fósforo pode também formar compostos insolúveis em água, tais como fosfatos de cálcio insolúveis em solos alcalinos e fosfatos de ferro e alumínio insolúveis em solos ácidos. A concentração de fósforo na solução do solo é normalmente muito inferior a uma parte por milhão (ppm), mesmo em solos fertilizados, e muitas vezes é apenas centésimos de ppm em solos não fertilizados. Os fertilizantes fosfatados são normalmente produzidos através da acidificação do mineral apatite, que se encontra em concentrações elevadas nalguns depósitos sedimentares. Fontes orgânicas de fósforo, como o estrume, também podem ser utilizadas. No entanto, o estrume contém normalmente quantidades relativamente grandes de fósforo em relação ao azoto. Há que ter cuidado com as adições de estrume para que o excesso de fósforo não resulte em deficiências de outros nutrientes, como o zinco, nem contribua para o fósforo solúvel nas águas de escoamento. O fósforo solúvel pode perder-se nas águas de escoamento superficial, mas encontra-se geralmente adsorvido às partículas do solo transportadas pela erosão. O fósforo no escoamento superficial tem sido implicado na eutrofização (crescimento excessivo de algas) de lagos e ribeiros. As plantas necessitam de fósforo para um forte crescimento das raízes; desenvolvimento de frutos, caules e sementes; resistência a doenças; e vigor geral das plantas. A disponibilidade de fósforo depende das temperaturas quentes do solo, do pH ra nge e dos níveis de outros nutrientes, como o cálcio e o potássio, no solo.

Tabela: 7.10

Estado do fósforo

Estado do fósforo em kg/ha		
Classe	**Área em Hectare**	**Área em %**
<50	1492.00	89.66
>50	172.00	10.34
Total	**1664.00**	**100.00**

Fonte: Cálculo do autor

O mapa do estado do fósforo (P) (Figura: 7.10) mostra que o valor máximo de fósforo no solo (108,10 kg/ha) se encontra na parte oriental da área de estudo e o valor mínimo de fósforo no solo (6,6 kg/ha) se encontra na parte central da área de estudo. A distribuição do fósforo no solo é dividida em duas zonas, ou seja, <50 kg/ha e >50kg/ha. A primeira zona (<50kg/ha) está distribuída por toda a área de estudo, exceto em algumas partes do lado oriental, e cobre cerca de 90% da área total. A segunda zona (>50kg/ha) está distribuída nas partes central a leste e sudeste da área de estudo e cobre 10% da área total de estudo (Figura: 7.10 & Tabela: 7.10).

Figura: 7.10

Fósforo (P_2O_5)

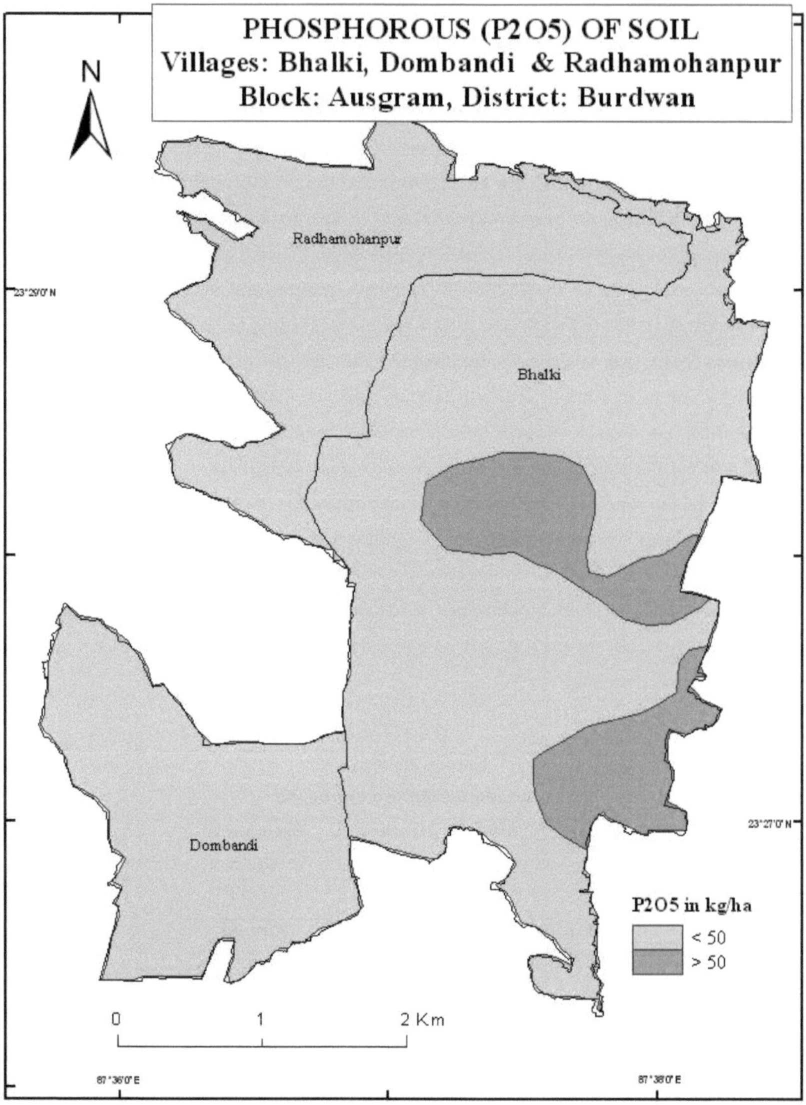

7.2.6 Potássio (K)

O potássio (K) é essencial para o crescimento vigoroso, a resistência às doenças, o sabor e o desenvolvimento dos frutos e dos produtos hortícolas. O potássio é necessário para as plantas em quantidades que só perdem para o azoto. Ao contrário do azoto e do fósforo, o potássio não se encontra organicamente combinado na matéria orgânica do solo. Os diferentes minerais que contêm potássio, como as micas e os feldspatos, são as principais fontes de potássio nos solos. As micas de tamanho argiloso são mais rápidas a libertar potássio do que os feldspatos devido à sua área de superfície muito maior. Os solos que contêm uma quantidade considerável de argila micácea podem ser capazes de suprir todas as necessidades de potássio de uma cultura sem fertilização. O fósforo é um componente da complexa estrutura de ácidos nucleicos das plantas, que regula a síntese de proteínas. O fósforo é importante na divisão celular e no desenvolvimento de novos tecidos. O fósforo também está associado a transformações complexas de energia na planta.

Tabela: 7.11

Estado do potássio

Estado do Potássio em Kg/ha		
Classe	**Área em Hectare**	**Área em %**
<100	1231	73.95
100-165	410.7	24.65
>165	22.3	1.40
Total	**1664.00**	**100.00**

Fonte: Cálculo do autor

O mapa de distribuição de potássio (K) (Figura 7.11 & Tabela 7.11) mostra que a concentração máxima de K é (519,84 kg/ha) disponível na parte oriental e o valor mínimo é (26,88 kg/ha) disponível na parte sul da área de estudo. Dividimos o mapa de potássio em três zonas, ou seja, <100 kg/ha, 100 - 165 kg/ha e >165kg/ha. A primeira zona (<100 kg/ha) está distribuída por quase toda a área de estudo como sul, sudoeste, sudeste, leste, nordeste, norte e partes centrais da área de estudo e cobre 74% da área total. A segunda zona (100 - 165kg/ha) está distribuída nas partes centro-oeste, noroeste e sudeste, leste e central da área de estudo e cobre 25% da área total. A terceira zona (>165kg/ha) está distribuída nas partes centro-leste e noroeste da área de estudo e cobre um por cento da área total.

A partir da discussão acima, ficou claro que toda a região e as aldeias selecionadas têm uma qualidade inferior do óleo . A indisponibilidade de recursos hídricos agrava a situação. A investigação no terreno revelou que a maioria dos agricultores cultiva a terra numa base sustentável apenas uma vez por ano. De dia para dia, a situação está a tornar-se sombria. É urgente planear um sistema agrícola alternativo para os agricultores pobres, de modo a que possam cultivar algumas culturas com os recursos disponíveis e, ao mesmo tempo, ganhar mais algum dinheiro.

Figura: 7.11

Potássio (K_2O)

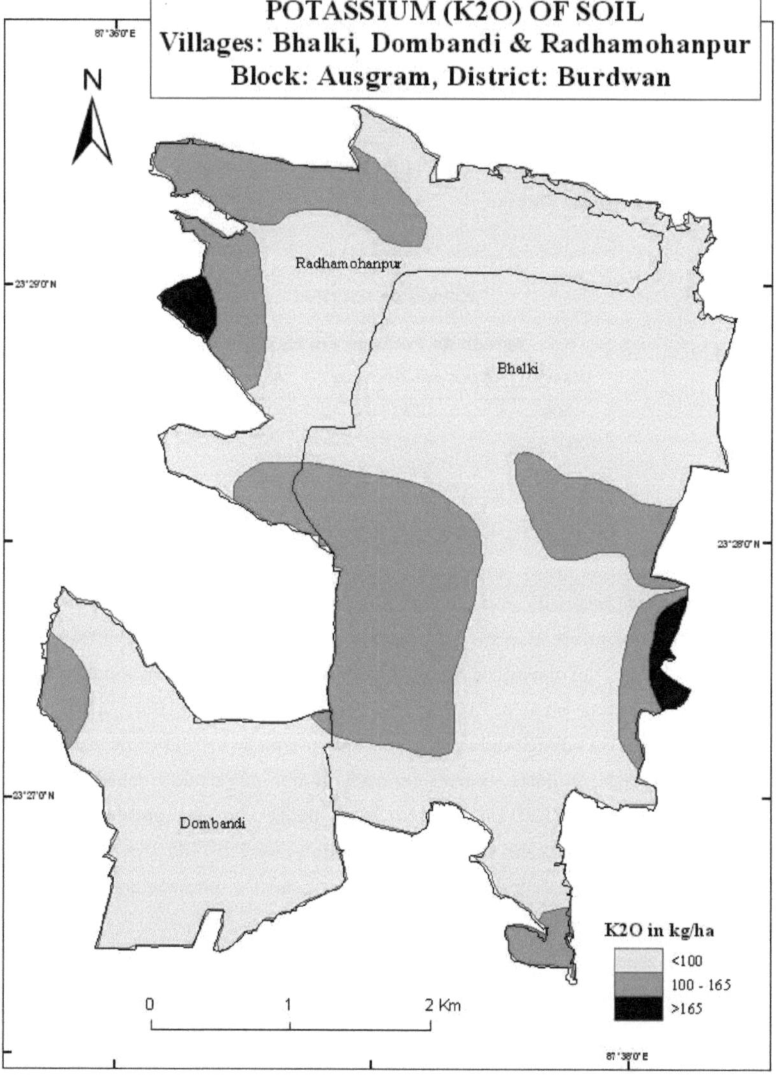

7.3 Utilização do solo Cobertura do solo das aldeias selecionadas

O padrão atual de ocupação do solo inclui florestas, massas de água, terrenos agrícolas, plantações, pousios actuais (florestas degradadas), pousios, povoações e estradas. A avaliação do atual LULC é útil para a elaboração de um novo plano sazonal de ocupação do solo e de um novo padrão agrícola. A análise da ocupação do solo da região é efectuada utilizando imagens de satélite IRS-1D, LISS-IVmx de diferentes períodos e estações (Figura: 7.13 & Tabela: 7.12).

A floresta é uma das formas mais sensíveis do ponto de vista ecológico de ocupação do solo das aldeias. O mapa atual de ocupação do solo mostra que cerca de 54% do terreno total das aldeias está coberto por floresta. A principal variedade da floresta é o Sal. O processo de plantação deu origem a uma certa forma de floresta. A floresta plantada cobre cerca de uma percentagem da área de estudo. A principal forma de floresta plantada é o eucalipto, que se encontra sobretudo na aldeia de Bhalki. Cobre cerca de 32% da área total das aldeias. Nem todas as terras agrícolas são cultivadas durante todo o ano, mas podemos dividi-las em três categorias: terras de cultura única (uma vez por ano), terras de cultura dupla (duas vezes por ano) e terras de três culturas (três vezes por ano). As terras **de cultura única** são cultivadas apenas uma vez por ano (julho - outubro). Esta categoria de terra cobre 13% da área de estudo. Este cultivo depende da água da chuva e não há água disponível para irrigação. As terras **de cultivo duplo são cultivadas** duas vezes por ano. A maior parte do cultivo ocorre nos meses de julho a dezembro (julho a outubro e dezembro a fevereiro). O arroz é a principal forma de cultivo. As terras com dupla cultura cobrem 16% da área total de estudo. As terras **de três culturas** são utilizadas para o cultivo de culturas em todas as três épocas de cultivo. Embora o arroz seja a principal forma de cultivo, também se cultivam trigo, milho e legumes nesta categoria de terras. Foi apurado que estas terras dispõem de irrigação por canal e de outras formas de irrigação. Enquanto as outras duas categorias dependem da água da chuva e poucas terras estão a ser irrigadas por tanques e lagos. As três terras cultivadas cobrem apenas 3% da área total de estudo.

O pousio atual foi considerado como as terras que permaneceram em pousio como resíduos cultiváveis durante a estação atual e varia de estação para estação. As terras florestais degradadas foram consideradas como terras em pousio atual. O pousio atual cobre, em geral, cerca de 2% da área de estudo.

As massas de água são consideradas como os recursos mais importantes para esta região. Incluem rios, lagos, canais, etc. O canal de Panagarh é uma fonte muito importante de água para irrigação e está a fornecer alguma água para irrigação. Cerca de 5% da área total de estudo é coberta por massas de água de superfície. Isto quer dizer que quase todas as massas de água de superfície permanecem secas na tão necessária estação seca e fornecem pouca água à região para irrigação e outros fins domésticos.

As estradas e as **povoações** estão presentes em todas as aldeias. Todas as povoações estão ligadas por estradas metálicas , estradas não metálicas e caminhos pedonais. Cerca de 3 % da área total é coberta por povoações e estradas.

Tabela: 7.12

Uso do solo existente Cobertura do solo

Uso do solo Cobertura do solo	Área em Hectare	Área em %
Agricultura Monocultura	216.00	12.98
Agricultura Cultura dupla	268.67	16.15
Agricultura Três culturas	51.28	3.03
Pousio atual (floresta degradada)	35.76	2.15
Pousio	32.07	1.93
Floresta	901.04	54.00
Plantação	24.25	1.42
Estrada	36.58	2.20
Liquidação	18.92	1.37
Corpo de água	79.43	4.77
Área total	**1664.00**	**100.00**

Fonte: Cálculo do autor

A avaliação do atual uso do solo faz-nos compreender que o LULC não é sustentável, tanto económica como ecologicamente. Podemos planear para recolher o excesso de água da chuva nas depressões naturalmente disponíveis. O uso do solo nas aldeias não é diferente de todos os blocos de Ausgram. Também aqui observámos que a água é o único fator determinante

Figura: 7.12

Uso do solo existente Cobertura do solo

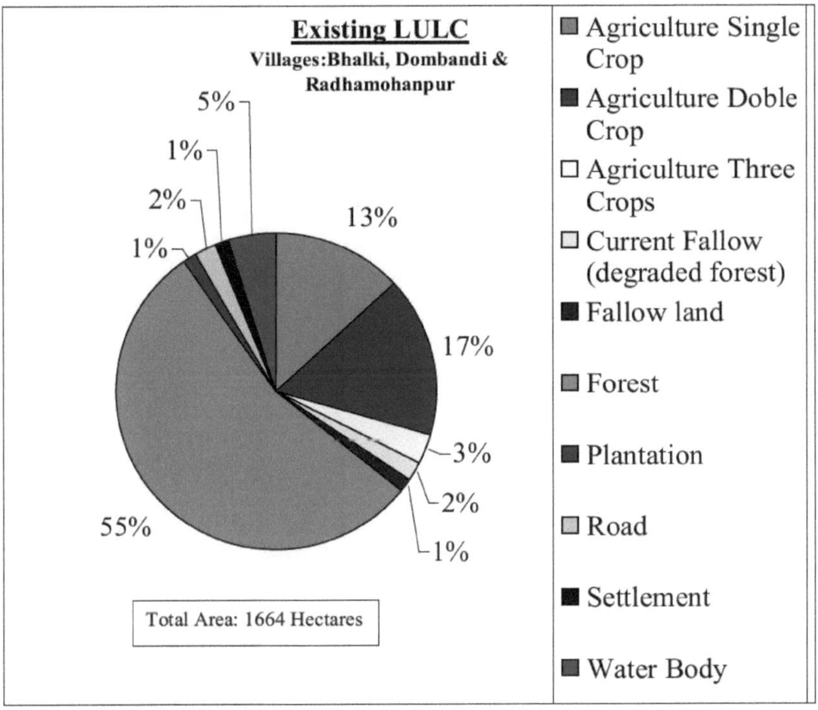

Fonte: Cálculo do autor

para controlar a intensificação e a extensão da utilização das terras agrícolas. Ao mesmo tempo, verificámos que, onde a água está disponível, estão a ser cultivadas variedades de culturas durante todo o ano.

Mas deve ser re lembrado que não é possível gerir a água de um dia para o outro ou que a água não pode ser disponibilizada a todas as aldeias. Devem ser exploradas algumas possibilidades para cultivar toda a região durante todo o ano em todas as aldeias com os recursos naturais atualmente disponíveis. Isto ajudará a população local a viver uma vida melhor de uma forma sustentável.

Figura: 7.13

Utilização do solo existente Cobertura do solo e padrão de cultivo

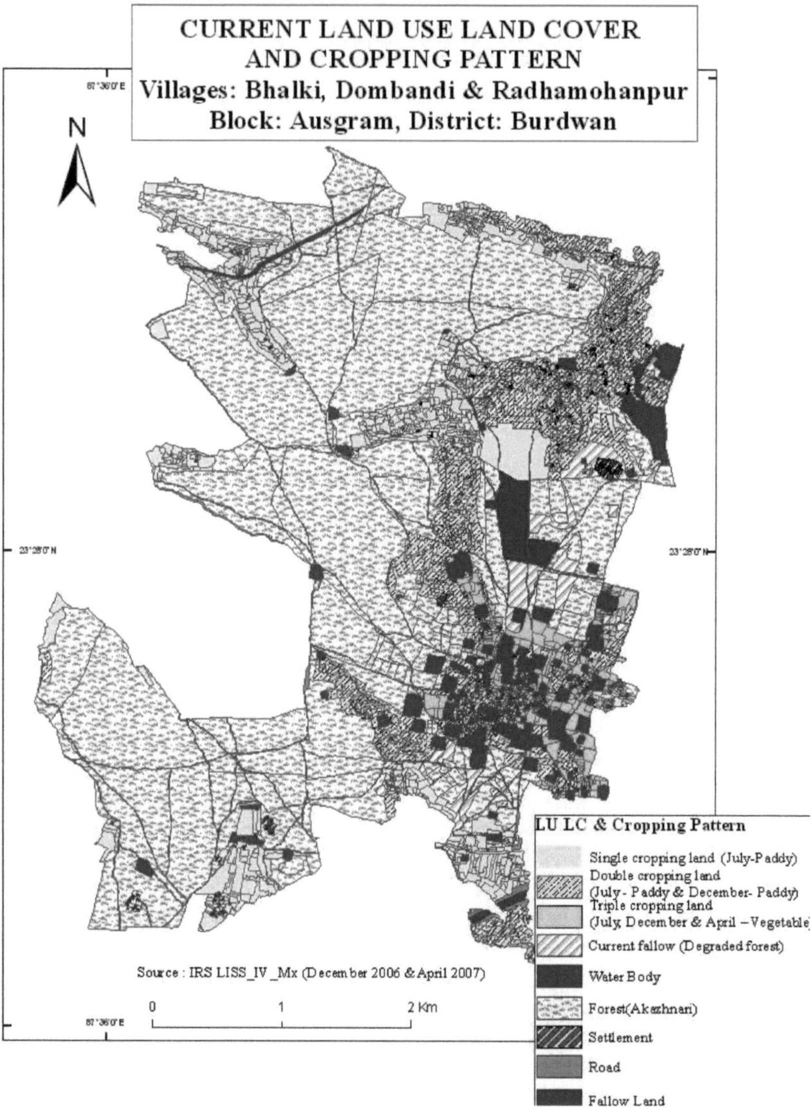

7.4 Agricultura alternativa

A agricultura alternativa consiste no planeamento de uma nova ocupação do solo para a região que não seja do tipo tradicional. Baseia-se nos recursos geomórficos disponíveis, nos recursos hídricos, nos recursos do solo e na ocupação do solo e, sobretudo, nos conhecimentos e necessidades da sociedade. Foi feita uma tentativa de sugerir quatro novos tipos alternativos de ocupação sazonal do solo para as aldeias em estudo. As culturas sugeridas são mais adequadas do que a atual ocupação do solo, de acordo com os recursos geomórficos e outros disponíveis. **O caju**, **o amendoim**, o **painço** e **a papa** aya são algumas das culturas que não são tradicionais desta região, mas que, se cultivadas, podem ser mais sustentáveis do ponto de vista económico e ambiental.

A maior e mais significativa ocupação do solo nas aldeias em estudo é a floresta. A principal variedade de árvores é o sal. Não é desejável perturbar a cobertura do solo ambientalmente significativa. Por isso, não são feitas sugestões alternativas para as áreas cobertas por floresta.

Em muitas partes das aldeias estão a ser feitas plantações. A principal variedade de árvores plantadas é o eucalipto. Foi possível saber no terreno que a floresta está a ser mantida pelo grupo de Gestão Florestal Conjunta (JFM). Não sugerimos a alteração da ocupação do solo nessas zonas.

As terras que têm boa disponibilidade de água e o arroz está a ser cultivado três vezes por ano, os cultivadores não esperam uma agricultura alternativa. Por isso, sugerimos que se continue a cultivar arroz nessas terras.

Figura: 7.14

Zonas de culturas alternativas

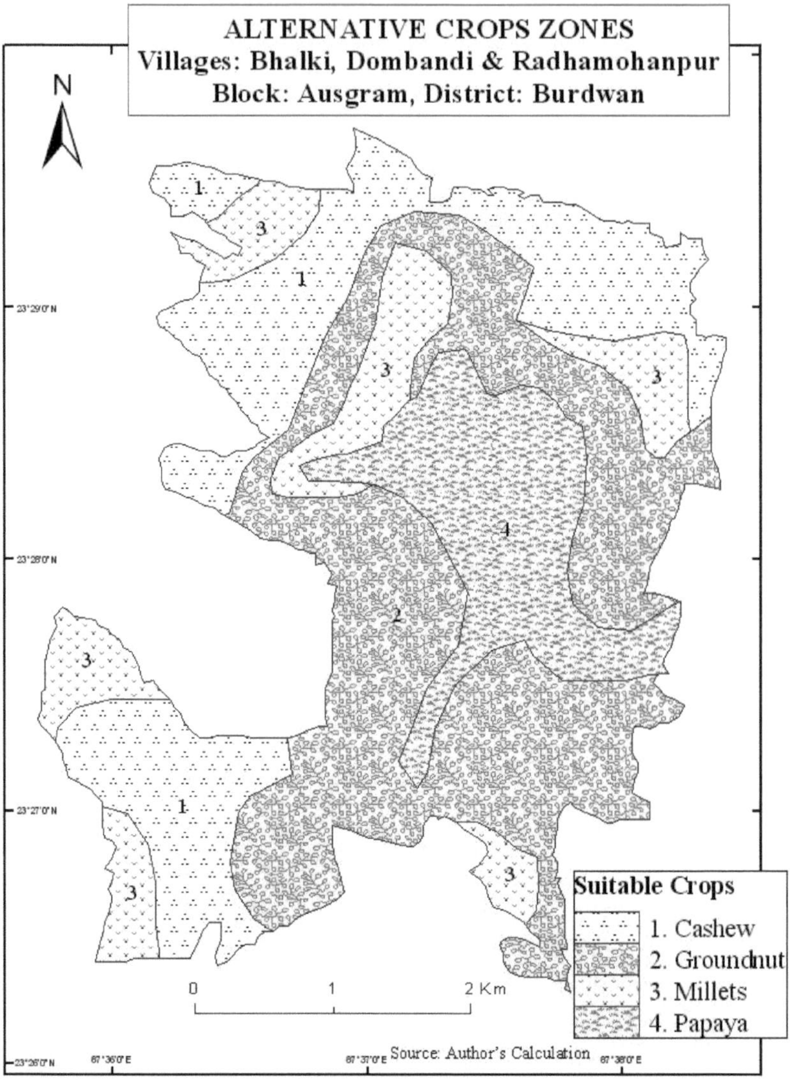

O cultivo alternativo é sugerido para as terras onde o cultivo do arroz é feito uma ou duas vezes por ano e que também depende apenas da chuva. Foi aprendido no terreno que os agricultores nem sequer estão interessados no cultivo do arroz nestas áreas. Como não dispõem de conhecimentos e sugestões agrícolas alternativos, os agricultores continuam a cultivar arroz de subsistência, que não dá lucro. As principais culturas agrícolas alternativas sugeridas são o caju, o amendoim, o painço e a papaia

Tabela: 7.13

Alternativa ative Crops Zone

Zona de culturas	Área em Hectare	Área em %
Caju	464.70	27.92
Amendoim	693.70	41.69
Milhos	245.60	14.76
Papaia	260.00	15.63
Total	**1664.00**	**100.00**

Fonte: Cálculo do autor

Tabela: 7.14

Sugestão de um novo modelo agrícola

<table>
<tr><td rowspan="12">CASHEW</td><td rowspan="4">Geomorfologia</td><td>Densidade de drenagem (<1km/sq.km)</td></tr>
<tr><td>Relevo relativo (3-6m/km2)</td></tr>
<tr><td>Declive (>30')</td></tr>
<tr><td>Frequência das massas de água superficiais (<2 massas de água superficiais/km2)</td></tr>
<tr><td colspan="2">Recursos hídricos (Zona mínima de recursos hídricos de superfície)</td></tr>
<tr><td colspan="2">pH do solo (<5)</td></tr>
<tr><td colspan="2">CE do solo (<0,03 mmhos/cm)</td></tr>
<tr><td colspan="2">OC do solo (<0,5 %)</td></tr>
<tr><td colspan="2">N do solo (<250 kg/ha)</td></tr>
<tr><td colspan="2">P do solo (<50 kg/ha)</td></tr>
<tr><td colspan="2">K do solo (>40 kg/ha)</td></tr>
<tr><td colspan="2">Utilização atual do solo Cobertura do solo</td></tr>
<tr><td rowspan="6">AMENDOIM</td><td rowspan="4">Geomorfologia</td><td>Densidade de drenagem (1-2 km / km2)</td></tr>
<tr><td>Relevo relativo (<3 m / km2)</td></tr>
<tr><td>Declive (10-30')</td></tr>
<tr><td>Corpos de água de superfície
Frequência (2-10 massas de água superficiais/km2)</td></tr>
<tr><td colspan="2">Recursos hídricos ((Superfície mínima e moderada
Zona de recursos hídricos))</td></tr>
<tr><td colspan="2">pH do solo (5 -5,5)</td></tr>
</table>

	CE do solo (0,03 - 0,05 mmhos/cm)	
	OC do solo (>0,5%)	
	N do solo (<250 kg/ha)	
	P do solo (<50 kg/ha)	
	K do solo (>40 kg/ha)	
	Utilização atual do solo Cobertura do solo	
MILLET	Geomorfologia	Densidade de drenagem (1-2 km/sq.km)
		Relevo relativo (<3m/sq.km)
		Declive (10-30')
		Corpos de água de superfície Frequência (<2 massas de água de superfície/km2)
	Recursos hídricos (Zona mínima de recursos hídricos de superfície)	
	pH do solo (5,5 - 6,0)	
	CE do solo (>0,05 mmhos/cm)	
	OC do solo (<0,5%)	
	N do solo (<250 kg/ha)	
	P do solo (<50 kg/ha)	
	K do solo (>50 kg/ha)	
	Utilização atual do solo Cobertura do solo	
PAPAYA	Geomorfologia	Densidade de drenagem (>2 km/sq.km)
		Relevo relativo (3-6m/km2)
		Declive (10-20')
		Corpos de água de superfície Frequência (2-15 massas de água superficiais/km2)
	Recursos hídricos (Zona mínima de recursos hídricos de superfície)	
	pH do solo (>6)	
	CE do solo (>0,05 mmhos/cm)	
	OC do solo (>0,5%)	
	N do solo (>250 kg/ha)	

	P do solo (>50 kg/ha)
	K do solo (>80 kg/ha)
	Utilização atual do solo Cobertura do solo
PADDY	Atualmente, as terras que cultivam arroz são apenas para arroz, pois os recursos geomórficos e edáficos existentes são adequados para o efeito.
Floresta	Os terrenos cobertos por florestas naturais e plantações artificiais (eucaliptos) não foram alterados. Onde houver pousio ou floresta degradada, sugerimos uma floresta artificial.

Fonte: Cálculo do autor

7.4.1 Caju

O cajueiro adapta-se muito bem em condições de seca. No entanto, as suas variedades têm um bom desempenho quando chove, no mínimo, 600 mm por ano. Períodos de seca prolongados, geadas, nevoeiros e chuvas fortes durante a floração e o início da frutificação afectam negativamente a frutificação e a produção. O caju é muito sensível ao alagamento e, por conseguinte, os solos argilosos pesados com más condições de drenagem não são adequados para o seu cultivo. O caju cresce em quase todos os tipos de solo e tem um bom desempenho em solos arenosos vermelhos, solos lateríticos e areias costeiras. O caju desenvolve-se bem quando o pH do solo é ácido. Embora o caju seja considerado muito rústico e resistente à seca, o caju também responde bem à irrigação suplementar durante o mês de verão (junho-março).

O caju é uma das mais importantes culturas de rendimento. A atual área de estudo situa-se numa zona de baixa pluviosidade, com terreno ondulado, pelo que se espera que a cultura se adapte melhor a esta região.

A região que tem maior relevo, declive, baixa densidade de drenagem e pH <5; CE <0,03; OC <0,5; N <250; P <50; K >40 (Tabela: 7.14), sugerimos o caju como uma cultura alternativa a ser cultivada. A área total sugerida para o cultivo de caju é de 6,01% da área total de estudo (Fi gura: 7.16 & Tabela: 7.15).

Assim, podemos sugerir que, com os devidos cuidados, a cultura do caju pode ser um sistema de formação alternativo em vez de cultivar uma única vez um arroz não rentável.

7.4.2 Amendoim

O amendoim, sendo uma cultura leguminosa, tem algumas vantagens sobre outras culturas, incluindo as hortícolas. A região tem uma baixa disponibilidade de azoto, mas o amendoim tem a capacidade de fixar biologicamente o azoto atmosférico no solo, o que o enriquece e beneficia as culturas seguintes. A cultura não necessita de irrigação e pode ser cultivada nas condições de humidade residual do solo. Não necessita de práticas de gestão elaboradas. Fornece uma bio-massa muito nutritiva sob a forma de forragem verde que pode ser dada ao gado. A cultura do amendoim pode ser considerada não só como uma cultura oleaginosa, mas também como uma cultura alimentar devido à disponibilidade de variedades com elevado teor de proteínas.

O amendoim tem sido sugerido principalmente para os campos de monocultura e também para algumas terras marginais de dupla cultura. Se os agricultores forem bem treinados para este cultivo, o amendoim pode ser cultivado quando a terra permanece em pousio entre as próximas estações de cultivo de arroz. Outros critérios importantes que são considerados para o cultivo de amendoim são pH 5 -5,5; EC 0,03 - 0,05; OC >0,5; N <250; P <50 e K >40 (Tabela: 7.14). A área total sugerida para o cultivo de amendoim é de 7,66 por cento da área total de estudo (Figura: 7.16 & Tabela: 7.15).

7.4.3 Milhos

O painço é uma das formas mais antigas de culturas cultivadas. Os painços requerem temperaturas quentes para a germinação e o desenvolvimento. Os painços são utilizadores eficientes da água e crescem bem em zonas de baixa humidade. O painço é frequentemente cultivado como cultura secundária quando outras culturas falham ou a plantação é adiada devido a condições meteorológicas desfavoráveis. O painço desenvolve-se bem em solos argilosos bem drenados. Não tolera solos encharcados ou secas extremas.

A região atual é a que melhor se adapta às condições climáticas e de solo para o cultivo do painço. Para além das condições geomórficas e climáticas, as condições do solo também são tidas em consideração para as sugestões do painço. Foi dada especial atenção à atual ocupação do solo da região. As terras com monocultura ou dupla cultura com pH 5.5 - 6.0; EC >0.05; OC <0.5; N <250; P <50 e K >50 são escolhidas para o cultivo de painço (Tabela: 7.14). Pode ser cultivado no tempo em que as terras estão em pousio ou não utilizadas. A área total sugerida para o cultivo de painço é de 4,78 por cento da área total de estudo (Figura: 7.16 & Tabela: 7.15).

7.4.4 Papaia

A papaieira cresce bem em muitos tipos de solos, mas estes devem ser adequadamente drenados. A drenagem restrita do solo promove doenças radiculares. A produção noutros tipos de solo é limitada a áreas de baixa pluviosidade, onde a drenagem restrita é menos suscetível de causar problemas. É preferível um pH do solo próximo do neutro (pH 6,0 a 7,0).

A papaia é um fruto tropical com importância comercial devido ao seu elevado valor nutritivo e medicinal. A produção mundial anual total está estimada em 6 milhões de toneladas de frutos. A Índia é líder mundial na produção de papaia, com uma produção anual de cerca de 3 milhões de toneladas. A papaia, sendo um fruto tropical, cresce bem nas regiões subtropicais amenas do país, até 1.000 m acima do nível do mar. A temperatura nocturna inferior a 12^0-14^0 C durante várias horas durante o inverno afecta gravemente o seu crescimento e produção. É muito sensível à geada, aos ventos fortes e à estagnação da água. O solo franco-arenoso profundo e bem drenado é ideal para o cultivo da papaia.

A região é adequada para o cultivo da papaia, uma vez que possui um solo argiloso de relevo mais elevado e o clima necessário. Para além das condições acima referidas, os parâmetros do solo também são tidos em consideração. As regiões onde o pH <6; EC >0.05; OC >0.5; N; >250; P >50 e K >80 e também onde as terras são cultivadas uma ou duas vezes por ano, são consideradas para o cultivo de papaia (Tabela: 7.14). A área total sugerida para o cultivo de papaia é de 4,76% da área total de estudo (Figura: 7.16 e Tabela: 7.15).

Tabela: 7.15

Sugerir um novo ordenamento do território

S.N.	**Culturas**	**Área em Hectare**	**Área em %**
1	Caju	100.00	6.01
2	Gro undnut	127.40	7.66
3	Milhos	79.52	4.78
4	Papaia	79.27	4.76
5	Paddy	51.32	3.08
6	Massas de água	79.43	4.77
7	Liquidações	18.92	1.14
8	Estrada	36.59	2.20
9	Floresta	1067.30	64.14
10	Plantação	24.25	1.46
	Total	**1664.00**	**100.00**

Fonte: Cálculo do autor

Figura: 7.15

Sugerir um novo ordenamento do território

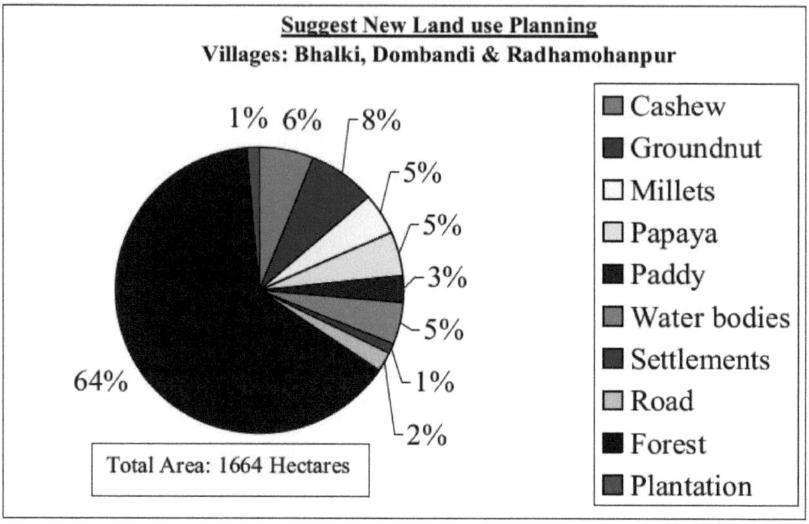

Fonte: Cálculo do autor

Figura: 7.16

Sugestão de novo uso sazonal do solo Plano de ocupação do solo

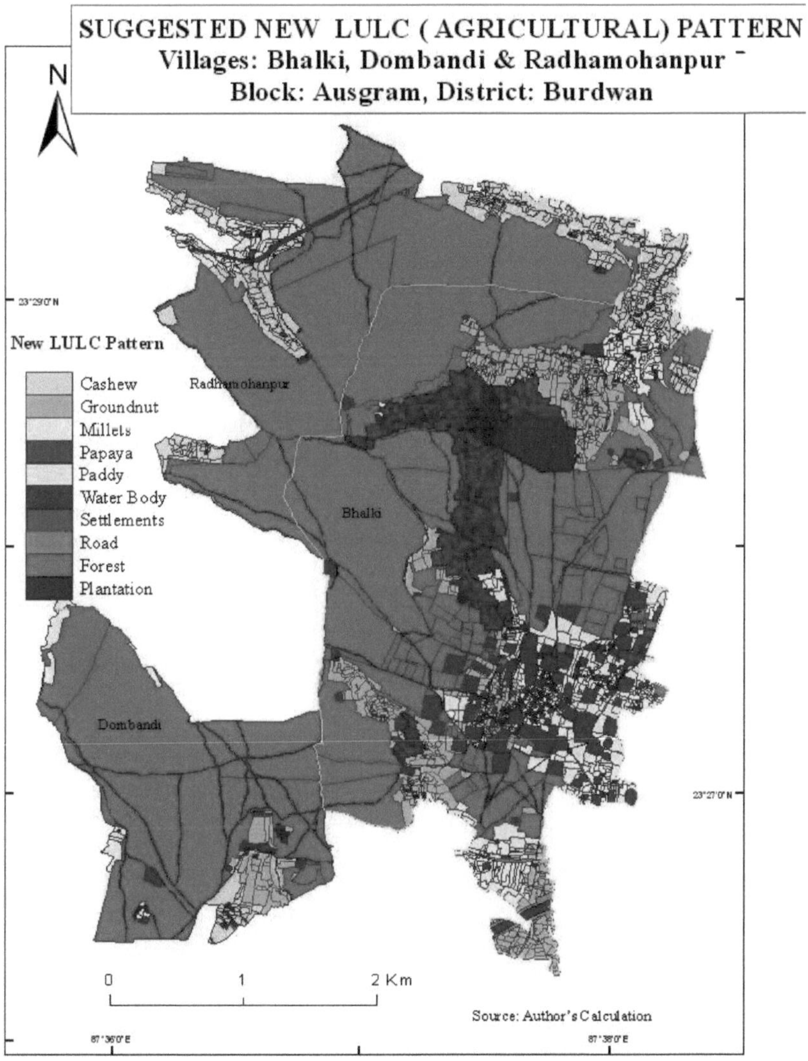

7.5Conclusão

A avaliação dos recursos geomórficos, dos recursos hídricos, dos recursos do solo e da ocupação do solo existente foi feita para as aldeias selecionadas. Verificou-se que a área tem poucas ondulações e que os recursos hídricos também são escassos. O solo da região também não é muito fértil. Consequentemente, a agricultura das aldeias é a mais prejudicada. A maior parte das terras agrícolas é cultivada uma vez por ano e muito poucas terras são cultivadas duas ou três vezes. A monocultura também depende da chegada atempada das chuvas da monção.

As depressões de superfície existentes, como tanques, lagoas, lagos, etc., podem ser utilizadas para armazenar o excesso de água da chuva dos meses de monção e podem ser utilizadas nos meses mais secos. Mas o planeamento e a implementação a nível governamental podem demorar algum tempo. Entretanto, os agricultores podem utilizar as culturas alternativas sugeridas com os recursos climáticos, morfo lógicos, hídricos e do solo disponíveis.

Sugerimos quatro novas culturas principais, como **o caju, o amendoim, o painço** e **a papaia**, com base nas caraterísticas climáticas, geomórficas, do solo, da água e da utilização das terras existentes. A floresta, as plantações, as massas de água, as povoações e as estradas permanecerão inalteradas no novo mapa de planeamento. Da mesma forma, as terras cultivadas três vezes com arroz, embora em quantidade muito reduzida, não sugerimos qualquer alteração por não ser desejada pelos agricultores.

No novo mapa do plano sazonal de ocupação do solo, propusemos Caju (6,01%), Amendoim (7,66%), Milho (4,78%), Papaia (4,76%), Arroz (3,08%), Corpos de água (4,77%), Povoação (1,14%), Estrada (2,20%), Floresta (64,14%) e Plantação (1,46).

Não é uma tarefa fácil para os agricultores adoptarem o plano alternativo de ocupação sazonal do solo sugerido. Devem ser adoptadas iniciativas do Governo e das ONG para que os agricultores compreendam a importância e os benefícios do cultivo das novas culturas.

Capítulo 8

CONCLUSÃO

O presente trabalho de investigação pretende avaliar os recursos geomórficos, os recursos hídricos e os recursos edáficos na perspetiva do uso e ocupação do solo, com especial ênfase nas actividades agrícolas e na sustentabilidade. Foi referido que os recursos geomórficos definem a disponibilidade e potencialidade dos recursos hídricos, assim como a natureza, extensão e intensidade das actividades agrícolas. Os recursos hídricos desempenham o papel de controlo da intensidade e da natureza das actividades agrícolas. As caraterísticas do solo também têm um papel determinante na atividade agrícola. Os recursos geomórficos, os recursos hídricos, os recursos do solo e a ocupação do solo existentes foram reavaliados e foram planeadas actividades agrícolas alternativas para facilitar o benefício económico dos agricultores locais e a sustentabilidade da região.

O presente estudo foi efectuado nos blocos Ausgram I e II do distrito de Burdwan, em Bengala Ocidental. Trata-se de uma zona de transição entre o planalto de Chotonagpur, a oeste, e a zona aluvial fértil do delta de Bengala, a leste. A região sofre de problemas de escassez de água e tem uma topografia ondulada que não é favorável a actividades agrícolas intensivas. Os agricultores da região não são capazes de cultivar durante a maior parte das estações de cultivo. O estudo utilizou intensivamente a deteção remota e o sistema de informação geográfica para avaliar os recursos geomórficos, os recursos hídricos, os recursos do solo e a ocupação do solo da região. As condições geomórficas estão a afetar a disponibilidade dos recursos hídricos. Da mesma forma, a água também está a restringir a intensidade das actividades agrícolas. Os solos são testados e descobrem-se que, com os recursos disponíveis, é possível uma alternativa de cultivo que fará com que a região se desenvolva económica e ecologicamente. A presente secção gostaria de resumir as principais conclusões do estudo. Discutirá brevemente as políticas a adotar e os passos a dar para que a sustentabilidade e o desenvolvimento económico da região não sejam ameaçados no futuro. Concluiria, então, indicando algumas das possíveis direcções para uma maior extensão do presente estudo.

8.1 Principais conclusões

No ponto de partida do presente estudo, tentámos concetualizar o significado de recurso geomórfico, ocupação do solo, ocupação do solo em relação ao recurso geomórfico, relação da ocupação do solo com o recurso hídrico e importância do estudo da ocupação do solo com tecnologia de deteção remota e SIG. Verificámos que a ocupação do solo, especialmente a extensão e a intensificação da agricultura, é altamente controlada pela água disponível e pelas condições geomórficas a qualquer nível da escala espacial. O estudo temporal da literatura disponível também apoia a importância dos recursos geomórficos e dos recursos hídricos para qualquer atividade económica.

O aspeto metodológico do presente estudo foi abordado em pormenor. A deteção remota por satélite (RS) e o sistema de informação geográfica (SIG) foram amplamente aplicados. O estudo baseado em RS e SIG da utilização do solo, da cobertura do solo, dos recursos geomórficos, dos recursos hídricos e dos recursos do solo responde claramente ao quê, onde e porquê no estudo geográfico. A análise quantitativa de imagens de satélite IRS e Landsat, a folha topográfica e o estudo de campo de dados in situ foram integrados no SIG. Foram aplicadas técnicas simples de sobreposição no SIG para estudar a natureza e a extensão da ocupação do solo em relação aos recursos geomórficos, hídricos e do solo. Foram preparadas diferentes camadas temáticas utilizando o SIG e foi feita uma proposta de planeamento sazonal da ocupação do solo para algumas aldeias selecionadas.

A caraterização dos recursos geomórficos implica a medição e a quantificação do relevo absoluto, do relevo relativo, do índice de dissecação, do declive, da frequência de drenagem, da densidade de drenagem e do índice de rugosidade. A região é avaliada como estando na fase de maturidade tardia do ciclo de evolução geomórfica. Algumas ondulações estão a controlar a disponibilidade de recursos hídricos. Alguns dos cursos de água de primeira ordem, juntamente com alguns grandes rios, têm origem na região, o que indica uma disponibilidade suficiente de água. Assim, são observados os problemas do potencial de recursos hídricos e da recolha de água. Foi efectuado um estudo para averiguar a necessidade de gestão dos recursos hídricos. Foi feita a identificação das zonas de captação de águas superficiais e das zonas potenciais de águas superficiais da atual área de estudo.

Foi efectuado um estudo aprofundado em três aldeias dos blocos Ausgram II para o planeamento da utilização de terras agrícolas alternativas com os recursos geomórficos, hídricos e do solo disponíveis. As culturas alternativas identificadas são o caju, o amendoim, o painço e a papaia. O arroz é a fonte de alimentos básicos e deve continuar a ser cultivado na estação das chuvas.

O presente estudo indica claramente que as actividades agrícolas tradicionais existentes não estão de acordo com os recursos geomórficos, hídricos e do solo da região. A mudança da situação socioeconómica exige um nível de rendimento mais sustentável para o desenvolvimento da região. Nestas condições, devem ser tomadas medidas imediatas para que a região possa ter algumas actividades agrícolas económicas sustentáveis.

8.2 Sugestões de políticas

Espera-se que a crescente necessidade de desenvolvimento económico desta região em particular seja satisfeita através da extensão e intensificação das actividades agrícolas.

Mas os constrangimentos de tais tentativas são os atributos morfométricos, a disponibilidade de água e o solo da região. Continuar com a mesma tentativa de alargar o sistema agrícola tradicional parece ser mais dispendioso para os agricultores locais e também não é sustentável a longo prazo. A diminuição da cobertura florestal e os recursos hídricos já esgotados estão a tornar a região ecologicamente mais frágil.

Não só o clima, mas também as condições geomórficas são responsáveis pelo mau estado dos recursos hídricos da região. Isto, por sua vez, está a restringir o crescimento das actividades agrícolas. O estudo intensivo das condições geomórficas revela que estas também podem ser utilizadas como recursos se forem geridas corretamente. As situações geomórficas são tidas em consideração para a identificação do potencial hídrico e das zonas de captação de água na região. Os esforços a nível governamental podem ajudar a conceber e implementar algumas barragens de controlo e desvios de água que ajudarão a armazenar o excesso de água da estação das chuvas nas depressões de superfície existentes, como lagoas, lagos, etc. Isto ajudará a aumentar e a desenvolver a base de recursos hídricos da região e fornecerá água aos campos agrícolas adjacentes que dela necessitem. O sistema de irrigação existente pode ser revisto e pode ser utilizada tecnologia moderna para uma irrigação mais eficaz. É igualmente importante educar os agricultores para a necessidade e utilização da recolha de água, armazenar e adaptar as inovações tecnológicas.

A disponibilidade per capita da água da chuva e a incerteza da irrigação classificaram a região como estando sob stress hídrico. As más práticas de gestão da água fazem com que os lagos e outras massas de água de superfície sequem imediatamente após a estação das chuvas. Consequentemente, as actividades agrícolas são gravemente afectadas e a maioria das terras agrícolas é cultivada uma vez por ano, permanecendo seca durante o resto do ano. Isto exige uma agricultura alternativa ou um padrão de cultivo. A introdução da agricultura de sequeiro é também outra opção para a região.

As terras de monocultura devem-se principalmente à escassez de recursos hídricos. Com a ajuda das condições geomórficas disponíveis, dos recursos hídricos e dos recursos do solo, foi planeada uma cultura alternativa para a região. Esta pode ser cultivada durante todo o ano e trará benefícios económicos à região. As práticas agrícolas alternativas não são muito fáceis de aprender e adotar pelos agricultores locais. O governo, as ONG e outras instituições devem ajudar a sensibilizar os agricultores para a necessidade e o alcance da agricultura alternativa. Os agricultores também devem ser motivados a cultivar estas novas culturas alternativas. A ajuda técnica para cultivar as culturas alternativas sugeridas também é necessária por parte da autoridade adequada do sector governamental.

Estas são algumas das muitas políticas integradas que são necessárias para desenvolver a região de uma forma mais afirmativa em termos de sustentabilidade económica e ecológica.

8.3 Investigação adicional

O presente estudo insere-se na questão muito mais vasta da utilização sustentável dos recursos naturais e das práticas de desenvolvimento. Ao estudar e levantar questões como a utilização dos recursos geomórficos existentes, os recursos hídricos e os recursos do solo e a avaliação das práticas agrícolas existentes, podem ser identificadas várias outras direcções de investigação. A região de estudo situa-se muito perto da cidade de Burdwan e a razão pela qual se regista um nível tão baixo de desenvolvimento dos recursos humanos pode ser uma ideia interessante de investigação adicional. Do mesmo modo, o estudo da economia dos recursos hídricos pode ser efectuado. É possível estudar a necessidade institucional em diferentes sectores de um maior desenvolvimento de forma mais sustentável.

Como observação final, deve ser mencionado que o presente estudo sugere que a ocupação do solo, especialmente as actividades agrícolas, não estão em conformidade com a geomorfologia regional e outros recursos. Isto está a ter cada vez mais consequências económicas e sociais. A extensão e a intensificação não científicas podem também piorar a sustentabilidade da região. Existe, portanto, uma necessidade urgente de avaliar o possível perigo de uma utilização não científica e insustentável da ocupação do solo na região. A implementação da ocupação do solo sugerida pode conduzir o desenvolvimento de uma forma mais sustentável e podemos evoluir para o tão necessário progresso.

Bibliografia

Abd El-Kawy, O.R., Rod, J.K., Ismail, H.A., Suliman, A.S. (2011). e deteção de alterações na ocupação do solo no delta ocidental do Nilo, no Egito, utilizando dados de deteção remota. *Geografia Aplicada, 31,* 483e494.

Abrahams, A.D., Campbell, R.N. (1976). Comprimentos de ligação fonte-fonte e afluente-fonte em redes de canais naturais. *Geol Soc Am Bull, 87.* 1016-1020.

Adamo, S.B., Crews-Meyer, K.A. (2006). Aridez e desertificação: explorando os riscos ambientais em Jachal, Argentina. *Geografia Aplicada, 26 (1),* 61-85.

Agarwal, C., Green, J. M., Grove, T., Schweik, C. (2000). A review and assessment of land-use change models: Dynamics of space, time, and human choice. *Documento apresentado na Quarta Conferência Internacional sobre Integração de SIG e Modelação Ambiental (SIG/EM4),* 2-8 de setembro, Banff, Canadá.

Relatório do estudo sobre a agricultura na Índia (2001). http://www.indianchild.com/india agriculture.htm

Ahern, F. J., Janetos, A. C., Langham, E. (1998). Global Observation of Forest Cover: a CEOS' Integrated Observing Strategy (Observação global do coberto florestal: uma estratégia de observação integrada do CEOS). *Actas do 27° Simpósio Internacional de Deteção Remota do Ambiente,* T romso, Noruega, 8-12 de junho de 1998 (Noruega: Simpósio Internacional de Deteção Remota do Ambiente), 103-105.

Ahmed, E. (1968). Distribution and causes of Gully Erosion in India - *Trabalho apresentado no 21° Congresso Geográfico Internacional, Nova Deli,* Secção IV, Geografia Física Complexa.

Aitkenhead, M.J., Aalders, I.H. (2011). Automatização da cartografia da ocupação do solo da Escócia utilizando um sistema especializado e métodos de integração de conhecimentos. *Sensoriamento Remoto do Ambiente 115,* 1285-1295.

Alcamo, J., ed. (1994). IMAGE 2.0: *Integrated Modeling of Global Climate Change.* Kluwer Academic Publishers, Dordrecht, Alemanha.

Allen, J.R.L. (1978). Métodos computacionais para o desfasamento temporal das dunas: Cálculos Utilizando a Regra de Stein para a Altura das Dunas. *Sedimentary Geology, Vol. 20, No. 1.*

Alonso, D., Sole, R. V. (2000). O Simulador DivGame: Um modelo de autómatos celulares estocásticos da dinâmica da floresta tropical. *Ecological Modelling 133 (1/2),* 131-141.

Amarsaikhan, D., Ganzorig, M., Ache, P., & Blotevogel, H. (2007). A utilização integrada de dados ópticos e InSAR para o mapeamento da cobertura do solo urbano. *International*

Journal of Remote Sensing, 28, 1161-1171.

Anderson, James R. (1971). esquemas de classificação utilizados em aplicações geográficas recentes selecionadas de deteção remota: *Photogramm.Eng, v. 37, no. 4,* 379-387.

Anderson, M.G. e Burt, T.P. (1977). Monitorização automática das condições de humidade do solo num esporão e numa depressão de uma encosta. *J.Hydrol. 33,* 27-36.

Anderson, M.G. e Burt, T.P. (1978). O papel da topografia no controlo da geração de fluxos. *Earth Surf. Processes 3,* 331-44.

Araus, JL., Slafer, G.A., Reynolds, M.P e Royo, C. (2002). Melhoramento de plantas e seca em cereais C3: para que devemos criar? *Ann. Bot. 89 (Spec. No.)* 925-940.

Arogyaswamy, R.N.P. (1967). Geomorphological features of the Nilgiri mountains, *Proc, Geom, Stud, Ind.,* 78 - 88.

Auden, J.B. (1954). Erosional pattern and fracture Zones in Penisular India, *Geol. Magazine, Vol. 35 (3),* 264 - 275.

Babar, Md. (1998). Análise geomórfica da bacia do rio Purna no distrito de Parbhani (Maharashtra), Índia. *Indian Journal of Geomorphology 3(1),* 29 - 39.

Babar, Md .(2002a). Cartografia hidrogeomorfológica para o desenvolvimento de recursos hídricos subterrâneos na parte norte do distrito de Parbhani (Maharashtra) utilizando dados geocodificados IRS 1B, LISS II. *In proceeding volume of National Conference on GIS and Their Application in Civil Engineering* during February 14 - 16, 2002 at Deccan College of Engineering and Technology, Hyderabad, 75 - 83.

Babar, Md. (2002b). Application of Remote Sensing in Hydrogeomorphological Studies of Purna River Basin in Parbhani District, Maharashtra, India. *In proceeding volume of the international symposium of ISPRS Commission VII on Resource and Enviromental Monitoring held during December 3 - 6, 2002, 34 (7).* 519 - 523.

Babar, Md. (2001). Estudos hidrogeomorfológicos por aplicação de deteção remota na bacia hidrográfica de Akoli (Jintur), distrito de Parbhani, Maharashtra, Índia. Em Spatial Information Technology: *Remote Sensing and GIS. ICORG editado por I.V. Murali Krishna, 2.* pp. 137 - 143.

Bagchi, K, (1960). Drainage pattern in Ganga delta, *Geog. Rev. of India, Vol. 22(4),* 51 - 53.

Baker, W. L. (1989). A review of models in landscape change. *Landscape Ecology 2 (2),* 111-133.

Bakr, N., Weindorf, D. C., Bahnassy, M. H., Marei, S. M., & El-Badawi, M. M. (2010).

Monitoring land cover changes in a newly reclaimed area of Egypt using multitemporal Landsat data. *Applied Geography, 30(4),* 592e605.

Balasundaram, M.S. (1977). *Contribuição para a geomorfologia e geo-hidrologia do Vale do Brahmaputra.* Geological Survey of India Misc. publication, No.12.

Balling, R. J., Taber. J. T, Brown, M e Day, K. (1999). Planeamento urbano multiobjectivo utilizando um algoritmo genético. *ASCE Journal of Urban Planning and Development 125 (2),* 86-99.

Baltsavias, E. P., Stallmann, D. (1992). From Satellite Images to GIS with Digital Photogrammetry Using SPOT Data. *In Proc, of EGIS 92, 23.-26. março, Munique, Alemanha, Vol. 2,* 945 - 946.

Balzter, H., Braun, P. W e Kohler, W. (1998). Modelos de autómatos celulares para a dinâmica da vegetação. *Ecological Modelling 107 (2/3),* 113-125.

Bandhopadhyay, M.K. (1972). Geomorphic Characteristics of Southern Part of Khasi Hills, *Geographical Review of India, Vol. 34, Pt, 2,* 184 - 189.

Batisani, N., & Yarnal, B. (2009). Expansão urbana em Centre County, Pensilvânia: dinâmica espacial e transformações da paisagem. *Applied Geography, 29(2),* 235e249.

Baulig, H. (1959). Morphombtrie. *Ann. Glogr., 68(369),* 386 - 408.

Best, J.L. (1986). A morfologia das confluências de canais fluviais. *Prog.Phys.Geog. 10,* 157-74.

Bhattacharya, G. (1996). Remote sensing for geological, geomorphological and ground water studies, *16 th Indian Geography Congress,* 181 - 303.

Bishop, M.P. e Shroder, J.F. (2000). Deteção remota e avaliação geomorfométrica da complexidade topográfica e da dinâmica da erosão no maciço de Nanga Parbat. In: Khan, M.A., Treloar, P.J., Searle, M.P. and Jan, M.Q. (Eds.), *Tectonics of the Nanga Parbat Syntaxis and the Western Himalaya (Geological Society London, Special Publications, 1 70),* London, 181 - 199.

Bishop, M.P., Bonk, R., Kamp, U e Shroder, J.F. (2001). Análise topográfica e modelação para cartografia de glaciares alpinos. *Polar Geography, 25:* 182 - 201.

Blarzcsynski. (1997). Caracterização de formas de terreno com sistemas de informação geográfica. *PE & RS, 63 (2),* 183 - 193.

Bloschl, G e Sivapalan, M. (1995). Scale issues in hydrological modeling: a review. Em Kalma, J.D. e Sivapalan, M., editores, *Scale issues in hydrological modeling,* 9 -47. Wiley.

Bork, E. W., & Su, J. G. (2007). Integração de dados LIDAR e imagens multiespectrais para uma melhor classificação da vegetação das pastagens: A meta analysis. *Remote Sensing of Environment, 111(1),* 11-24.

Bose, S.C. (1961). Some Preliminary Observations on the Geomorphology of the Lower Luni Basin, *Geographical Review of India, 23 No.4.*

Boyer, J.S. (1982). Produtividade das plantas e ambiente. *Science 218,* 443-448.

Briassoulis, H. (1999). *Análise da Mudança: Theoretical and Modeling Approaches.* Instituto de Pesquisa Regional, Universidade de West Virginia.

Bucha, T., & Stibig, H. J. (2008). Análise de imagens MODIS para deteção de cortes rasos na floresta boreal no noroeste da Rússia. *Sensoriamento Remoto do Meio Ambiente, 112,* 2416-2429.

Burgess, D. W., Pairman, D. (1997). Efeitos de reflectância bidirecional nos dados NOAA AVHRR. *International Journal of Remote Sensing, 18,* 2815-2825.

Cecchini, A., Viola, F. (1990). Eine Stadtbausimulation. *Wissenschaftliche Zeitschrift der Hocheschule fur Architektur und Bauwesen 36,* 159-162.

Chakraborty, S.C. (1970). *Some Consideration on the Evolution of physiography of Bengal,* Ed. Por Cgatterji, Gupta& Mukhopadhyay, Calcutá.

Chatterjee, S.P. (1945). *Land utilization in the District of 24 Parganas, Bengal. Bengala.* B.C.Law vol., parte 2, Calcutá.

Chatterjee, S.P. (1952). Land utilization survey of Howrah District, *Geographical Review of India, vol. XIV, No.3.*

Chatterjee. S., Dey. M., Prakasam, C e Biswas, B. (2011).Changing Spatial Pattern of Woman Work Participation in Burdwan Municipality. *Trabalho apresentado no Seminário Nacional de Geografia: Space, Time & People.* Serviço Antropológico da Índia, Calcutá.

Chatterjee, S., Dey, M., Prakasam, C e Biswas, B. (2010). Implicações socioeconómicas da toxicidade do arsénio no bloco Purbasthali I & II do distrito de Burdwan. *Jornal of Environment and Ecology.Vol -28 (4A).*

Chatterjee, S., Prakasam, C e Biswas, B. (2011).Assessment of and Land cover Changes through Satellite remote sensing: Um estudo de caso dos blocos Purbasthali-I&II, distrito de Burdwan, Bengala Ocidental, Índia. *Trabalho apresentado no Seminário Nacional Patrocinado pela UGC sobre Desenvolvimento Sustentável: An Interdisciplinary Approach.* Sarsuna College, Calcutá.

Chatterji, S.C. (1945). Some Aspects of geomorphology of the Ranch Plateau, Cal. *Geog. Rev., Vol. VII.*

Chatterji, S.C. (1946). Evolução fsiográfica de Chotanagpur, Cal. Geog. *Rev., Vol. VII, No.3&4.*

Chattopadhyay, S., Chattopadhyay, Mahamaya. (1998). Princípios e métodos para a análise do terreno: A pilot study of Kerala In: *Research Methodology, Social, Spatial and Policy Dimensions,* (eds, Misra, H.N. and Singh. V.P), Rawat Publ, New Delhi.

Chen X., Vierling, L., Deering, D. (2005). Um método de correção radiométrica simples e eficaz para melhorar a deteção de alterações na paisagem entre sensores e ao longo do tempo. *Remote Sensing of Environment 98,* 63-79.

Chibber, H.L. (1953). The landforms life and radial drainage of Mount Parasnath, Hazaribagh district, *Nat, Geo. Soc. Ind. Bull, No. 18.*

Chomitz, K. M., e Gray, D. A. (1996). Roads, , and deforestation: Um modelo espacial aplicado ao Belize. *The World Bank Economic Review 10 (3),* 487512.

Chorley, R.J., Dale, P.F. (1972). Cartographic problems in stream channel delineation, *Cartography 7,* 150-162.

Chorley, R.J. (1962). Geomorfologia e teoria geral dos sistemas. *U.S. Geol. Survey. Prof. Paper 500-B.*

Chorley, R.J. (1967). *Models in Geomorphology,* em R.J. Chorley, et.al (eds) Models in Geography.

Chorley, R.J. (1969). *A bacia de drenagem como unidade geomórfica fundamental. Em Water, earth and man,* R.J. Chorley (ed.), 77-100. London: Methuen.

Chorley, R.J. (1972). *Spatial Analysis in Geomorphology.* Methuen a Co. London.

Choubey, V.D. (1966). *The Geological Structure and Geomorphology of the Country Around Katangi, Jabalpur district,* tese de doutoramento não publicada da Universidade de Saugar, Saugar.

Choubey, V.D. (1967). A Study of Erosion Surface of Saugar, Damoh, Jabalpur and Narsinghpur districts of Madhya Pradesh. Geomorphological studies in Indian. *Actas do Centro de Investigação Avançada, Departamento de Geologia Aplicada, Universidade de Saugar,* 164-171.

Chuvieco, E. (1993). Integração da programação linear e SIG para a modelação do uso do solo. *Revista Internacional de Sistemas de Informação Geográfica 7 (1),* 71-83.

Cihlar, J. (2000). 'Land cover mapping of large areas from satellites: Status and research priorities', *International Journal of Remote Sensing, 21: 6,* 1093 - 1114

Cihlar, J., Xiao, Q., Beaubien, J., Fung, K., e Latifovic, R., (1998). Classification by Progressive Generalization: a new automated methodology for remote sensing multichannel data. *International Journal of Remote Sensing, 19,* 2685-2704.

Coppin, P., Jonckheere, I., Nackaerts, K., Muys, B., & Lambin, E. (2004). Métodos de deteção de alterações digitais na monitorização de ecossistemas: uma revisão. *International Journal of Remote Sensing, 25(9),* 1565e1596.

Costanza, R., Sklar, F. H e Day, J. W. Jr. (1986). *Modelação da sucessão espacial e temporal no pântano Atchafalaya/Terrebonne/complexo estuarino no sul do Louisiana.* Páginas 387-404 em D. A. Wolfe, ed. Estuarine Variability. Academic Press, Orlando, FL.

Couclelis, H. (1985). Cellular worlds: A framework for modeling micro-macro dynamics. *Ambiente e Planeamento 17,* 585-596.

Crews-Meyer, K. A. (2004). Mudança e estabilidade da paisagem agrícola no nordeste da Tailândia: Historical patch-level analysis. *Agriculture, Ecosystems & Environment, 101,* 155-169.

Cromley, R. G., Hanink, D. M. (1999). Acoplamento de modelos de afetação de uso do solo com SIG raster. *Journal of Geographic Systems 1,* 137-153.

Daji, J. A., Kadam, J. R e Patil, N. D. (2001). *A Textbook of Soil Science.* Media Promoters & Publishers Pvt. Ltd. Bombaim.

Das, K.N. e Pandey, I.C. (1964). Some Aspects of the Geomorphology of the Chamkhutia Area, U.P., *The National Geographical Journal of India, Vol, X,* 177-184.

Das, T. (2009). */Deteção de alterações na ocupação do solo: uma abordagem orientada para objectos.* Instituto de Geoinformática, Universidade de Münster.

Davis, W. M. (1899). O ciclo da geologia. *Geog. Jour, 14,* 41 - 58.

Davis, W.M. (1915). Memória biográfica de John Wesley Powell, Nat. Acad. *Sci., Mem.,* 11 - 83.

Dayal, P. (1947). *The Agricultural Geography of Bhihar,* London, Ph.D, Tese (não publicada).

De, Boissezon, H., Gonzales, G., Pus, B., e Sharman, M. (1993). Estimativa rápida da área cultivada e da produção à escala europeia utilizando imagens de alta resolução - revisão operacional. *Actas do Simpósio Internacional 'Operationalization of Remote Sensing', ITC Enschede, Países Baixos,* 94-105.

De, Ploey, J. (1971). Liquefação e erosão pluvial. Z. *Geomorphol. NF 15,* 491-6.

Debi, P. (1965). Origem das Escarpas de Chotanagour, *Geog. Outlook, Vol.4,* Ranchi.

Dent, D., Young A. (1981). *Soil Survey and Land Evaluation.* George Alien and Unwin Ltd., Londres, Reino Unido.

Desai, S.D. (1968). Terrain Evaluation - Principles and Techniques, *The National Geographical Journal of India, Varanasi, Vol. XIV,* pt,4, 258-264.

Deshmukh, V.M. (1975). Lonkhede: *A* study in rural , *The Ocean Geographer, vol.XIII, Nos.1 e 2.*

Devi, H. I. (2000). *River Basin Morphology,* Rajesh Publishions, New Delhi.

Dewan, A. M., & Yamaguchi, Y. (2009). and land cover change in Greater Dhaka, Bangladesh: using remote sensing to promote sustainable urbanization. *Applied Geography, 29(3),* 390e401.

Dey, M., Chatterjee, S., Prakasam, C., Biswas, B. (2011). *Dimensões espaço-temporais da análise da mudança da cobertura do solo através da tecnologia RS & GIS em parte do distrito de Burdwan Oriental, Bengala Ocidental, Índia.* Trabalho apresentado na Associação Nacional de Geógrafos, Índia (NAGI), 33° Congresso Indiano de Geografia. Universidade de Burdwan, Burdwan.

Dey, M., Chatterjee, S., Prakasam, C. (2010). Changing Spatial Pattern of Woman Work Participation in Burdwan Munucipality. *Jornal da Fundação Geográfica Indiana, Vol - 14, No -2.*

Dickinson, R.E., Henderson-Sellers, A., Kennedy, P.J., Wilson, M.F. (1986). *Esquema de Transferência Biosfera-Atmosfera (BATS) para o Modelo Climático Comunitário do NCAR.* Nota técnica do NCAR NCAR/TN-2751STR, 69. Boulder, CO.

Dikau, R., Brabb, E.E., Mark, R.K., Pike, R.J. (1995). Análise morfométrica do relevo do Novo México. Zeitschrift für Geomorphologie, N.F., *Suppl.-Bd., 101,* 109-126.

Dirk, Bryant, Daniel, Nielsen, Laura, Tangley, *The Last Frontier Forests: Ecosystems and Economies on the Edge* (World Resources Institute, Washington, D.C., 1997), 1.

Drummond, R.R. (1974). Quando é que um riacho é um riacho? *Professional Geographer 26,* 34-37.

Dunn, J.A. (1929). The geology of north Singbhum including parts of Ranchi and Manbhum districts, Mem, *Geological Survey of India, Vol. 54,* pp. 132.

Dunn, J.A. (1939). Post Mesozic Movements in the Northern part of the Peninsula, *Memoirs of the G.S.I., Vol. 73.*

Dutt, G.K. (1970). Geomorphology - Techniques and Applications, Geographical Review of India. *Calcutá, Vol. 32, No.2,* 133 - 124.

Eastman, R. (1999). *Guide to GIS and Image Processing.* Clark University, Worcester, MA.

Ehlers, M., Jadkowski, M. A., Howard, R. R., e Brousten, D. E., (1990). Aplicação de dados SPOT para análise do crescimento regional e planeamento local. *Photogrametric Engineering and Remote Sensing, 56,* 175-180.

Agência do Ambiente. (2007). *Inter-laboratory comparison of in vitro bioaccessibility measurements for arsenic lead and nickel in soil, Science Report SC040060/SR2.* Bristol: Agência do Ambiente. (PDF, 816KB).

EPA, U.S. (2000). *Projecting Land-Use Change: A Summary of Models for Assessing the Effects of Community Growth and Change on Land-Use Patterns, EPA/600/R-00/098.* Agência de Proteção do Ambiente dos EUA, Gabinete de Investigação e Desenvolvimento, Cincinnati, OH. [Introduz modelos urbanos do ponto de vista da avaliação ambiental.]

Ermentrout, G. B., Edelstein-Keshet, L. (1993). Abordagem dos autómatos celulares à modelação biológica. *Journal of Theoretical Biology 160 (1),* 97-113.

Farr, T.G., Kobrick, M. (2000). A missão de topografia de radar do vaivém produz uma grande quantidade de dados. *American Geophys. Union, EOS, v.81,* 583-585.

Feder, J. (1988). *Fractals.* New York: Plenum Press, 11.

Feddema, ohannes, J.J., Oleson, Keith W., Bonan, Gordon. B. Mearns, Linda O. Buja, Lawrence, E., Meehl, Gerald, A., Washington, Warren. M. (2005). The importance of land-cover change in simulating future climates, *Science 310,* 1674-1678.

Fenneman, N.M. (1914). Limites fisiográficos nos Estados Unidos, *Ann, Ass, Amer. Geog., 4,* 84- 134.

Foody, G. M., Green, R.M. Lucas, R.M. Curran, P.J. Honzak, M. Amaral e I. Do. (1997). Observações sobre a relação entre a retrodifusão do radar SIR-C e a biomassa da floresta tropical em regeneração. *Jornal* Internacional *de Sensoriamento Remoto 18,* 687-694.

Foody, G.M. (1998). Afiação de resultados de classificação difusa para refinar a representação da distribuição da cobertura do solo em subpixel. *Interno. J. Rem. Sens. 19(13),* 2593-2599.

Foody, P. M. (2002). Status of land covers classification accuracy assessment. *Remote Sensing of Environment, 80,* 185- 201.

Fox, C.S. (1930). The Jharia Coalfield, Mem. *Geol. Surv. Of India, Vol.56.*

Fox, C.S. (1931). The Gondwana System and related Formations, Mem. *Geol. Surv. Of India, Vol. 58.*

Fox, C.S. (1934). The lower Gondwana Coalfields of India, Mem. *Geol. Surv. Of India, Vol.59.*

Friedkin, J.F. (1945). *A laboratory study of the meandering of alluvial rivers.* US Waterways Exp. St.

Friedl, M. A., McIver, D. K., Hodges, J. C. F., Zhang, X. Y., Muchoney, D., Strahler, A. H., Woodcock, C. E., Gopal, S., Schneider, A., Cooper, A., Baccini, A., Gao, F., & Schaaf, C. (2002). Global land cover mapping from MODIS: Algorithms and early results. *Remote Sensing of Environment, 83,* 287-302.

Gao, J., Liu, Y. (2010). Cartografia da degradação dos solos a partir do espaço: Um estudo comparativo dos dados Landsat ETM+ e ASTER. *International Journal of Remote*

Sensing 29 (14), 4029-4043.

Garde, R.J. (2005). *River Morphology,* New Age International (P) Limited, Publishers, New Delhi.

Gardiner, V. (1976). Avaliação de terras e delimitação numérica de regiões naturais. *Geographia Polonica, v34.*

GCOS, (1997). *Plano GCOS/GTOS para observações terrestres relacionadas com o clima. Relatório GCOS- 32, WMO/TD-No. 796,* Organização Meteorológica Mundial.

Gee, E.R. (1932). Geology and Coal Resources of Raniganj Coalfield, *Mem G.S.I., Vol. XI.*

Geoghegan, J., Pritchard, Y., Ogneva-Himmelberger, R., Roy, Chowdury, Sanderson, S. e Turner, B. L., II. (1998). *"Socializing the pixel" e "pixelizing the social" in /cover change.* Pages 51-69 in D. Liverman, E. F. Moran, R. R. Rindfuss, and P. C. Stern, eds. People and Pixels. Conselho Nacional de Investigação, Washington, DC.

Geoghegan, J., Wainger, L., Bockstael, N. (1997). Índices espaciais de paisagem num quadro hedónico: Uma análise económica ecológica utilizando o SIG. *Ecological Economics 23,* 251-264.

Gilbert, G.K. (1914). O transporte de detritos por água corrente. *US Geol. Surv.Prof. Paper no. 86.*

Gilbert, N., Troitzsch, K. G. (1999). *Simulation for the Social Scientist.* Open University Press, Londres, Reino Unido.

Giles, P.T. (1998). Geomorphological signatures: classification of aggregated slope unit objects from digital elevation and remote sensing data. *Earth Surface Processes and Landforms, 23,* 581-594.

Gilruth, P. T., Marsh, S. E e Itami, R. (1995). Um modelo espacial dinâmico de cultivo itinerante nas terras altas da Guiné, África Ocidental. *Ecological Modelling 79,* 179-197.

Gong, P., Marceau, D. J., Howarth, P. J. (1992). A comparison of spatial feature extraction algorithms for land-use classi. cation with SPOT HRV data. *Remote Sensing of Environment, 40,* 137-151.

Gordon, J e Shortliffe, E. (1984). *A teoria da prova de Dempster-Shafer: Sistemas periciais baseados em regras.* Páginas 272-292 em B. Buchanan e E. Shortliffe, eds. The MYCIN Experience of the Stanford Heuristic Programming Project. Addison Wesley, Reading, MA.

Goudie, A.S. (2004). *Encyclopedia of Geomorphology, vols. 1 & 2.* Routledge, Londres, 1184.

Goudie, Andrew, Lewin, John, Richards, Keith, Anderson, Malcolm, Burt, Tim, Whalley, Brian e Worsley, Peter. (1990). *Geomorphological Techniques,* Unwin Hyman, Nova

Iorque, 14.

Greenwood, G. (1857). *Rain and River on Hutton and Playfair against Lyell and all comers,* 1ª ed., Londres.

Gregory, K.J. (1976). Drainage basin adjustments and man, *Geographica polonica V. 34.*

Gregory, K.J. e Walling, D.E. (1973). *Drainage Basin Form and Processes.* Edward Arnold Scrap Processors Inc., Londres.

Grigg, David. (1995). *An Introduction to agricultural geography.* Routledge, Nova Iorque.

Grohmann, C.H. (2004). Análise morfométrica em sistemas de informação geográfica: aplicações dos softwares livres GRASS e R. Computers and *GeoSciences, v.30,* 1055-1067.

Grohmann, C.H., Riccomini, C e ALVES, F.M. (2007). Análise morfotectônica baseada em SRTM do maciço alcalino de Poços de Caldas, sudeste do Brasil. *Computers & GeoSciences, v.33,* 10-19.

Gronewold, A e Sonnenschein, M. (1998). Modelação baseada em eventos de sistemas ecológicos com autómatos celulares assíncronos. *Ecological Modelling 108 (1),* 37-52.

Gugan, D.G., Dowman, I.J. (1988). Accuracy and Completeness of Topographic Mapping from SPOT Imagery. *Photogrammetric Record, 12 (72),* 787-796.

Gupta, S.N.P. (2004). *Geomorphology of Damodar Basin,* Rajesh Publications, New Delhi.

Hack, J. T. (1957). Estudos de perfis longitudinais de cursos de água na Virgínia e em Maryland. *US.Geol. Surv., Prof. Pap., 294B,* 45-97.

Hall, C. A. S., Tian, H., Pontius, Y. Qi, G e Cornell, J. (1995). Modelação dos padrões espaciais e temporais das alterações tropicais. *Journal of Biogeography 22 (4/5),* 753-757.

Hansen, M. C., DeFries, R. S., Townshend, J. R. G e Sohlberg, R. (2000). Global land cover classi. cation at 1 km spatial resolution using a classi. cation tree approach. *International Journal of Remote Sensing, 21,* 13311364.

Hansen, M., Dubayah, R., & Defries, R. (1996). Árvores de classificação: An alternative to traditional land cover classifiers. *International Journal of Remote Sensing, 17,* 1075-1081.

Hasan, Ozdemir e Deanne, Bird. (2009). Avaliação de parâmetros morfométricos de redes de drenagem derivados de mapas topográficos e DEM em pontos de inundação. *Environ Geol 56,* 1405-1415. DOI 10.1007/s00254-008-1235-y.

Hegselmann, R. (1998). *Modelação da dinâmica social por autómatos celulares.* Pages

37-64 in W. B. G. Liebrand, A. Nowak, and R. Hegselmann, eds. Computer Modeling of Social Processes. SAGE Publications, Londres.

Hettner, A. (1928). *Surface features of the land,* traduzido por Phillip Tilly (1972), The Macmuillan Press, Londres, Vol. 29, 14 - 15.

Hironi, K. (1991). *Land use Planning and Geomorphology: A Study of Sawal Mandhopur,* Concept Publishing Company, New Delhi.

Hogeweg, P. (1988). Cellular automata as a paradigm for ecological modelling. *Matemática Aplicada e Computação 27 (1),* 81-100.

Homer, C. G., Ramsey, R. D., Edwards, T. C. Jr e Falconer, A. (1997). Modelação do tipo de cobertura da paisagem utilizando um mosaico Thematic Mapper multi-cena. *Photogrammetric Engineering and Remote Sensing, 63,* 59-67.

Horton, R.E. (1932). Caraterísticas da bacia de drenagem, TransAm. *Geophys, Union, Vol. 13,* 350 - 361.

Horton, R.E. (1945). Erosional development of streams and their drainage basins: hydrophysical approach to quantitative morphology. *Bull Geol Soc Am 56,* 275-370.

Houghton, R.A. (1999). The annual net flux of carbon to the atmosphere from changes in 1850-1990, *Tellus Series B-Chemical And Physical Meteorology, 51,* 298-313.

Houghton, R. A. (1994). The worldwide extent of land-use change. *BioScience, 44,* 305-313.

Howitt, R. E. (1995). Programação matemática positiva. *American Journal of Agricultural Economics 77 (2),* 329-42.

Hunday, A. & Banerjee, S. (1967). Geology and Mineral Resources of West Bengal, *Mem. G.S.I., Vol.97.*

Imbernon, J. (1999). Alterações nas práticas agrícolas e na paisagem ao longo de um período de 60 anos em North Lampung, Sumatra. Agricultura, *Ecossistemas e Ambiente, 76 (1),* 61-66.

International Rice Research Institute, (1975).*Major research in upland Rice,* Manila, Filipinas.

IPCC. (2000). IPCC, Land-Use Change, and Forestry. *A Special Report of the IPCC* [Watson, R.T., I.R. Noble, B. Bolin, N.H. Ravindranath, D.J. Verardo, and D.J. Dokken (eds.)]. Cambridge University Press, Cambridge, Reino Unido e Nova Iorque, NY, EUA, 377.

Jain, M.K., Kothyari, U.C. (2001) Estimation of soil erosion and sediment yield using GIS. *Hydrol Sci J 45 (5),* 771-786.

Janetos, A.C e Justice, C.O. (2000). Land cover and global productivity: a measurement strategy for the NASA programme, *International Journal of Remote Sensing, 21,* 1491-1512.

Jensen, J.R. (1996). Introductory Digital Image Processing: A Remote Sensing Perspective, 2nd edn. Prentice Hall: Upper Saddle River, NJ.

Jha, V.C. (1966). *Himalayan Geomorphology,* Rawat Publications, Jaipur and New Delhi.

Johnson, W.H. (1982). Inter-relações entre a interpretação geomórfica do registo estratigráfico, a geomorfologia de processos e o modelo geomórfico. Em C.E.Thorn (ed.) *Space and Time in Geomorphology,* George Allen & Unwin, Lonon.

Jones, D.K.C. (1980). British applied geomorphology: an appraisal, *zeitschrift fur Geomorphologie,* Supplement 36. 48-73.

Jongman, R. H., Bunce, R. G & Elena-Rossello, R. (1998). *A European perspective on the definition of landscape character and biodiversity. Conceitos-chave em ecologia da paisagem.* In J. W. Dover, & R. G. H. Bunce (Eds.), Proceedings of the 1998 European congress of the International Association Of Landscape Ecology (1-35). UK: IALE.

Kaimowitz, D e Angelsen, A. (1998). *Economic Models of Tropical Deforestation: A Review.* Centre for International Forestry Research, Jacarta, Indonésia.

Kale, V.S., Ely, L.L., Enzel, Y e Baker, V.R. (1994). Geomorphic and hydrologic aspects of monsoon floods in Central India (Aspectos geomórficos e hidrológicos das cheias das monções na Índia Central). *Geomorphology, 10,* 157 - 168.

Kartikeyan, B., Sarkar, A e Majumder, K. L. (1998). A segmentation approach to classification of remote sensing imagery (Uma abordagem de segmentação para a classificação de imagens de deteção remota). *International Journal of Remote Sensing, 19,* 1695-1709.

Kharkwal, S.C. (1970). Morphometric study of a Himalayan Basin - A Sample Study, *National Geographical Journal, India, Vol. 16, Pt. 1,* 47- 60.

King, L.C. (1962). *The Morphology of the Earth, Oliver&Boyd,* Edinburgh, London.

Krishanan, M.S. (1953). História Estrutural e Tectónica da Índia, Mem. *G.S.I., Vol.81.*

Krishanan, M.S. (1956). *Geology of India & Burma, Higginbothams* (Pvt.), Ltd., Madras.

Krzystek, P. (1995). Novas investigações sobre o desempenho prático da geração automática de DEM. Actas, Convenção Anual ACSM/ASPRS, Charlotte, Carolina do Norte, *Sociedade Americana de Fotogrametria e Deteção Remota, 2,* 488-500.

Kumar. K.V, Guha. A e Lesslie. A. (2009). Satellite-based geomorphological mapping for urban planning and development - a case study for Korba city, Chhattisgarh. *Current Science, vol. 97, no. 12, 25 de dezembro.*

Lambin, E. F. (1994). *Modelação dos processos de desflorestação: A Review*. Comissão Europeia, Luxemburgo.

Lambin, E. F. (1997). Modelação e monitorização dos processos de alteração da cobertura vegetal em regiões tropicais. *Progresso em Geografia Física 21*, 375-93.

Lambin E.F., Geist H., Lepers, E. (2003). Dynamics of and cover change in tropical regions. *Revisão Anual de Meio Ambiente e Recursos 28*, 205241.

Laney, R. M. (2004). Uma abordagem orientada para o processo de modelação das alterações da terra em paisagens agrícolas: A case study from Madagascar. *Agriculture, Ecosystems & Environment, 101*, 135-153.

Langbein, W.B. (1947). Caraterísticas topográficas das bacias de drenagem *U.S. Geological Survey Water Supply Paper, 968c*, 125 - 157.

Lark, R. M. (1995). A reappraisal of unsupervised classification, II: optimal adjustment of the map legend and a neighborhood approach for mapping legend units. *Jornal Internacional de Sensoriamento Remoto, 16*, 1445-1460.

Lark, R. M. (1995a). A reappraisal of unsupervised classi. cation, I: correspondence between spectral and concetual classes. *InternationalJournal of Remote Sensing, 16*, 1425-1423.

Lark, R. M. (1995b). A reappraisal of unsupervised classi. cation, II: optimal adjustment of the map legend and a neighborhood approach for mapping legend units. *Jornal Internacional de Deteção Remota, 16*, 1445-1460.

Lawrence, A.R. (1985). Uma interpretação do desempenho de poços escavados usando um modelo digital. *Ground water, 23(4)*. 449 - 454.

Lawrence, R., Hurst, R., Weaver, T., & Aspinall, R. (2006). Mapeamento de comunidades de poços de pradaria com imagens de satélite Ikonos multitemporais. *Photogrammetric Engineering and Remote Sensing, 72*, 169-174.

Lee, R. G., Flamm, M. G., Turner, C., Bledsoe, P., Chandler, C., DeFerrari, R., Gottfried, R. J., Naiman, N., Schumaker e Wear, D. (1992). I *ntegração do desenvolvimento sustentável e da vitalidade ambiental: A landscape ecology approach*. Páginas 499-521 em R. J. Naiman, ed. Watershed Management: Balancing sustainability and environmental change. Springer-Verlag, Nova Iorque.

Leggett, C. G., Bockstael, N. E. (2000). Evidence of the effects of water quality on residential land prices. *Journal of Environmental Economics and Management 39*, 121-144.

Leopold, B., Wolman. G e Miller, J. P. (1964). *Fluvial Procrsses in Geomorphology*. Freeman, São Francisco, Londres.

Lewis, W.V. (1944). Experiências de calha de rio e formação de terraços. *Geol.Mag. 81,* 240-52.

Li, H e Reynolds, J. F. (1997). *Modelação dos efeitos do padrão espacial, da seca e do pastoreio nas taxas de degradação das pastagens: Uma abordagem combinada de Markov e autómato celular.* Páginas 211-230 em D. A. Quattrochi e M. F. Goodchild, eds. Scale in Remote Sensing and GIS. Lewis Publishers, Nova Iorque.

Liu, J., Chen, J.M., Cihlar, J., Park, W.M. (1997). Um simulador de produtividade do ecossistema boreal baseado em processamento utilizando dados de deteção remota. *Remote Sens. Environ. 62,* 158-175.

Longley, Paul A., Batty, Michael. (eds.) (2003). *"Análise Espacial Avançada".*

Longley, P., Higgs, G e Martin, D. (1994). The predictive use of GIS to model property valuations. *Jornal Internacional de Sistemas de Informação Geográfica 8 (2),* 217-235.

Long-qian, C., Li, W., & Lin-shan, Y. (2009). Análise da alteração do padrão da paisagem urbana na cidade de Yanzhou com base em imagens TM/ETM^. *Procedia: Earth and Planetary Science, 1(1),* 1191e1197.

Lu, D., Mausel, P., Brondizio, E., & Moran, E. (2004). Técnicas de deteção de alterações. *International Journal of Remote Sensing, 25(12),* 2365e2407.

Lu, D., Mausel, P., Brondizio, E., Moran, E. (2004). Relações entre os parâmetros do povoamento florestal e as respostas espectrais do Landsat TM na bacia amazónica brasileira. *Forest Ecol. Manag. 198,* 149-167.

Ludeke, A. K., Maggio, R. C e Reid,. L. M. (1990). An analysis of anthropogenic deforestation using logistic regression and GIS. *Journal of Environmental Management 31,* 247-259.

Lyell, S.C. (1872). *Principles of Geology,* Appleton and Co. New York.

Mabbutt, J.A. (1968). *Revisão dos conceitos de classificação de terras de rios e lagos, In: Land evaluation Sewert,* G.A, ed, Australia, Macmillan.

Mache, R.N e Peshwa, V.V. (1978). Interpretação foto-geológica do controlo da drenagem em Gondwana e Bijawars do vale de Son, distrito de Shahdol, M.P., *Procceedings of Symposium on Morphology and Evoluation of Landforms,* University of Delhi, pp - 250 - 254.

Macka, Z. (2001). Determinação da textura da topografia a partir de mapas de curvas de nível de grande escala. *Geografski Vestnik 73(2),* 53-62.

Mackin, J.M. (1936). A captura do rio Greybull. *Am.J.Sci. 231,* 373-85.

Maheshwari, R.C., Bohra, C.P., Singh, H.P., Singh, R. (1996). *Planning for sustainable agricultural development based on natural resources and bioenergy systems. Um estudo de caso In: Research in Geography,* Land use Changes and Sustainable Development, (ed. Singh, R.B.) APH Publishing Corp, New Delhi.177 - 184.

Maidment, D.R. (2002). *ArcHydro GIS for water resources.* Esri Press, Califórnia.

Mandal, R.B. (1980). *Modelos de utilização da terra.* In: Recent Trends and Concepts in Geography (eds. Mandal, R.B. & Sinha, V.N.P.) vol. 11,279 - 299.

Mandal, R.B. (1982). *Land utilization: Theory and practice,* Concept Publishing Company, 341.

Mann, S., Benwell, G. (1996). A integração de modelos ecológicos, neurais e espaciais para a monitorização e previsão de paisagens semi-áridas. *Computers and Geosciences 22 (9),* 1003-1012.

Mannan, B., Roy, J., RAY, A.K. (1998). Classificação supervisionada por Fuzzy ARTMAP de imagens multiespectrais obtidas por observação remota. *Interno. J. Rem. Sens. 19(4),* 767-774.

Mark, D.M. (1983). Relação entre a rede de canais pesquisada no terreno e as medidas geomorfométricas baseadas em mapas, Inez Kentucky. *Ann Assoc Am Geographers 73(3),* 358-372.

Mas, J.F. (1999). Monitoring land-cover changes: a comparison of change detection techniques. *International Journal of Remote Sensing. 20 (1),* 139-152.

Masek, J. G., Honzak, M., Goward, S. N., Liu, P., & Pak, E. (2001). Landsat-7 ETM+ como observatório da cobertura do solo: Initial radiometric and geometric comparisons with Landsat-5 Thematic Mapper. *Remote Sensing of Environment, 78,* 118-130.

Maxwell, J. C. (1955). A relação de bifurcação na lei de Horton do número de fluxo. Trans. *Am. Geophys. Union, 36* (Abstr.).

Maxwell, J. C. (1960). *Geomorfologia quantitativa da floresta experimental de San Dimas,* Califórnia. Off.N au. Res. (U.S.), Geogr. Branch, Projeto 389-042, T e c h .Rep., 19.

Meijerink, A.M.J. (1988). *Aquisição e captura de dados através de unidades de cartografia do terreno,* ITC Jour. 1, ILWIS spl, issue.

Melton, M. A. (1958). Propriedades geométricas dos sistemas de drenagem natural e sua representação num espaço de fase E. *J. Geol, 66,* 35-54.

Melton, M. A. (1960). Variação intravalley do ângulo de inclinação relacionada com o microclima e o ambiente erosivo. *Geol. SOC. Am., Bull, 71,* 133-44.

Melton, M.A. (1957). *Uma análise da relação entre elementos do clima, propriedades da superfície e geomorfologia.* Off. Nav. Res. (US.), Geogr. Branch, Projeto 389-042, Tech.

Rep., 11.

Melton, R. A. (1958). Estrutura de correlação das propriedades morfométricas dos sistemas de drenagem e dos seus agentes de controlo. *J. Geol, 66,* 442-60.

Merlin, P. (1965). A propos des methods de morphometry. *Acia Geogr., 56,* 1420.

Mertens, B & Lambin, E. F. (1997). Spatial modelling of deforestation in southern Cameroon (Modelação espacial da desflorestação no sul dos Camarões). *Applied Geography, 17,* 143-162.

Meyer, W. B., Turner, II. B. L. (1994). Global Land-Use/Land-Cover Change. Cambridge University Press, Nova Iorque.

Meyer, W.B. (1995). Past and Present Land-use and Land-cover in the U.S.A. *Consequences 1.*

Meyer, W.B., Turner, B.L. II. (2002). A Terra transformada: Tendências, trajectórias e padrões. In: Johnston RJ, Taylor PJ, Watts MJ (eds) *Geographies of global change: Remapping the world, 2ª ed.* Blackwell, Oxford, 364-376.

Millaresis, G.C., Argialas, D.P. (2000). Extração e delineação de leques aluviais a partir de modelos digitais de elevação e imagens Landsat Thematic Mapper. *Photogrammetric Engineering and Remote Sensing, 66,* 1093-1101.

Mitchell, C.W. (1973). *Terrain Evaluation.* Longman, Londres, 221.

Mohammad, N. (1978). *Agricultural in India, A Cast Study,* Inter India Publications, Delhi.

Mohammd, Hezam, Al-Mashreki, Juhari Bin Mat Akhir, Sahibin Abd Rahim, Kadderi Md. Desa, e Zulfahmi Ali Rahman. (2010). Sensoriamento Remoto e Aplicação de SIG para Avaliação do Potencial de Adequação de Terras para Agricultura na Governadoria IBB, República do Iémen. *Jornal de Ciências Biológicas do Paquistão, 13,* 1116-1128.

Monkhouse. F.J., Wilkinson, H.R. (1994). *Maps and Diagram,* B.I. Publications PVT Ltd, New Delhi.136 - 140.

Moore, I.D., Grayson, R.B., Ladson, A.R. (1991). Digital terrain modeling: a review of hydrological, geomorphological and biological applications. *Hydrological Processes, 5(3),* 3- 30.

Morisawa, M. E. (1957). Exatidão da determinação do comprimento de cursos de água a partir de mapas topográficos. *J. Geol,* 66.

Morisawa, M. E. (1958). Medição da forma do contorno da bacia de drenagem. *J. Geol., 66,* 587-91.

Morisawam, M. E. (1959). Relação da geomorfologia quantitativa com o caudal em bacias hidrográficas representativas da Província do Planalto dos Apalaches. Off. Nan. Res. (U. S.) Geogr. Branch, Projeto 389-042, Tech. Rep., 20.

Morisawa, M. E. (1962). Geomorfologia quantitativa de algumas bacias hidrográficas no Planalto dos Apalaches. *Geol. Soc. Am., Bull., 73(9),* 1025-49.

Morisawa, M.E. (1967). Relação entre a descarga e o comprimento dos cursos de água no leste dos Estados Unidos. *Proc. I n f. Hydrol. Symp.,* Fort Collins, Co., 173-6.

Morisawa, M. E. (1968). *Streams: Their Dynamics and Morphology.* McGraw-Hill, Nova Iorque.

Moss, A.J., Walker, P.H. (1978). Transporte de partículas por fluxos de água continentais em relação à erosão, deposição, solos e actividades humanas. *Sedim.Geol. 20,* 81-139.

Moss, M.R. (1981). *A process approach to biophysical land classification: Algumas aplicações à Malásia peninsular. Em Carpenter, R.A. (ed).* Assessing Tropical Forest Lands, Tycooly International, Dublin.

Moss, M.R. (1983). Landscape synthesis, landscape processes and land classification, some theoretical and methodological Issues, *Geojournal, 7.*

Mouflis, G.D., Gitas, I.Z., Iliadou, S., Mitri, G. (2008). Avaliação do impacto visual da expansão das pedreiras de mármore (1984-2000) na paisagem da Ilha de Thasos, Nordeste da Grécia. *Paisagem e Planeamento Urbano 86,* 92-102.

Mukerjee, A.B. (1975). Geomorphological study of Choe terraces of Chandigarh, Siwalik Hills India, *Himalayan Geology, Vol.5,* 302 - 326.

Mukhopadhyay, S.C. (1969). Some aspects of Geomorphology of part of the Subarnrekha Basin around Mahali Murup, Bihar, *Geographical Review of India, Vol., XXXI, No.2,* 33- 40.

Mukhopadhyay, S.C. (1973). *Geomorphology of the Subarnarekha basin with a special reference to its cycle of erosion,* tese de doutoramento, Universidade de Calcutá, Calcutá.

Mukhopadhyay, S.C. (1979). Some aspects of Geomorphology of part of the Subarnrekha Basin around Mahali Murup, Bihar, *Geographical Review of India, Vol, XXXI, No.2,* 33- 40.

Mukhopadhyay, S.C. (1984). *The Thisa Basin - A Study in Fluvial Geomorphology,* K.P. Banchi&Co., Calcutá.

Munroe, D. K., Croissant, C., & York, A. M. (2005). policy and landscape fragmentation in an urbanizing region: assessing the impact of zoning. *Applied Geography, 25(2),* 121e141.

Munroe, D., Southworth, J., Tucker, C. (2001). A dinâmica da mudança da cobertura do solo no oeste das Honduras: Spatial Autocorrelation and Temporal Variation. Trabalho apresentado na *Reunião Anual da Associação Americana de Economia Agrícola,* 5-8 de agosto, Chicago, IL.

Munshower, F.F. (1994). *Practical Handbook of Disturbed Land Revegetation (Manual Prático de Revegetação de Terrenos Perturbados).* Lewis Publishers, Boca Raton, Flórida.

Myers, N. (1993). Florestas tropicais: as principais frentes de desflorestação. *Conservação Ambiental, 20,* 9-16.

Nagendra, H., Munroe, D., Southworth, J. (2004). Introdução à edição especial. From pattern to process: landscape fragmentation and the analysis of /land cover change. *Agriculture,Ecosystems and Environment 101 (2-3),* 111-115.

Nagendra, H., Pareeth, S., Ghate, R. (2006). People within parks-forest villages, land-cover change and landscape fragmentation in the Tadoba Andhari Tiger Reserve, India. *Applied Geography, 26(2),* 96e112.

Nanavati, M.B. (1957). *Readings in Land Utilization,* The Indian Society of Agricultural Economics, Bombaim.

Nanshan, A.i. (1987). Entropia do sistema de drenagem erosivo. *Journal of vmservation of Water a,ul Soil, (2).* 9 -18. (em chinês).

Equipa de Gestão de Conteúdos do Portal Nacional, Revisto em: 29-04-2011 http://india.gov.in/sectors/agriculture/index.php

Nguyen, M. Q., Atkinson, P. M., Lewis, H. G. (2006). Mapeamento de super-resolução utilizando uma rede neural Hopfield com imagens fundidas. *IEEE Transactions on Geoscience and Remote Sensing, 44,* 736-749.

Noble, C.A., Morgan, R.P.C. (1983). Interceção da precipitação e desprendimento de salpicos com uma planta de couve-de-bruxelas: uma simulação laboratorial. *Earth Surf. Processes Landforms 8,* 569-77.

NRSA. (1995). *Integrated Mission for Sustainable Development Technical Guidelines,* National Remote Sensing Agency, Department of Space, Government of India, Hyderabad.

Nunes, C., Auge, J. editores. (1999). Alterações da utilização e da ocupação do solo (LUCC): Estratégia de implementação. Relatório 48 do IGBP e Relatório 10 do IHDP. Estocolmo: Secretariado do IGBP, Academia Real das Ciências da Suécia.

O'Callaghan J., Mark, D.M. (1984). A extração de redes de drenagem a partir de dados digitais de elevação. *Comput Vis Graph Image Process 28,* 323-344.

Oldham, R.D. (1893). *A Manual of the Geology of India* Chiefly compiled from the observations of the Geological Survey 2nd edition revised and largely rewritten by R. D. Oldham, 543. Calcutá.

Openshaw, S. (1995). Desenvolvimento de ferramentas automatizadas e inteligentes de exploração de padrões espaciais para aplicações em sistemas de informação geográfica. *The Statistician 44 (1),* 3-16.

Openshaw, S. (1994). Computational human geography: Towards a research agenda. *Ambiente e Planeamento A 26,* 499-508.

O'Sullivan, D. (2001). Graph-cellular automata: a generalised discrete urban and regional model. *Ambiente e Planeamento B 28 (5),* 687-706.

Padmaja, G. (1975). Some Aspects of Quantitative drainage characteristics of the Dhund Basin (Alguns aspectos das caraterísticas quantitativas da drenagem da bacia do Dhund). *Geographical Review of India,* Calcutá, Vol. 37, 158 - 164.

Pan, D., Domon, G., de Blis, S., Bouchard, A. (1999). Padrões temporais (1958-1993) e espaciais de mudanças em Haut-Saint-Laurent (Quebec, Canadá) e sua relação com atributos físicos da paisagem. *Landscape Ecology, 14,* 35-52.

Pande, R.K. (1990). *Quantitative Geomorphology of A Himalayan Drainage Basin,* Shree Almora Book Depot, Almora.

Pascoe, E.H. (1950). *A Manual of Geology of India and Burma,* Third Edition, Vol.1, G.S.I. Calcutá.

Pelorosso, R., Leone, A., Boccia, L. (2009). Land cover and change in the Italian central Apennines: a comparison of assessment methods. *Geografia Aplicada, 29(1),* 35e48.

Penck, W. (1953). *Morphological Analysis of Landforms,* (Primeira edição 1924), Macmillan and Co., Londres.

Pielke, Sr. R.A. (2005). and climate change, *Science 310,* 1625-1626.

Pimentel D., Harvey, C., Resosudarmo, P., Sinclair, K., Kurz, D., McNair, M., Crist, S., Riebsame, W.E., Meyer, W.B., e Turner, B.L. II. (1998). Modeling Land-use and Cover as Part of Global Environmental Change. *Climate Change. Vol. 28.* 45.

Plantinga. (1999). Modeling Decisions with Aggregate Data. *American Journal of Agricultural Economics* 81(fevereiro), 180-194.

Platagea, G.H., Popa, G. H. (1963). Variação das caraterísticas da rede fluvial entre os rios Ialomita e Trotus. Probl. *Geogr. (Bucharest), 9,*129-46 (em romeno).

Prakasam, C. (2011).Estudo comparativo da análise morfométrica da drenagem através da abordagem tecnológica geoespacial para a captação de água de Udaipur, Udaipur, Rajasthan. Trabalho apresentado no *Seminário Nacional de Geografia: Space, Time &*

People. Serviço Antropológico da Índia, Calcutá.

Prakasam, C., Biswas, B., Sandakumari, A. (2010). Mudanças na cobertura do solo no distrito de Theni, Tamil Nadu, Índia, usando Sensoriamento Remoto e GIS. Trabalho apresentado na *Conferência Internacional sobre Ambiente, Recursos e Desenvolvimento Regional.* Universidade de Burdwan, Burdwan.

Prakasam, C. (2010). and Land Cover Change Detection through Remote Sensing Approach: Um estudo de caso de Kodaikanal Taluk, Tamil Nadu, Índia. *Revista Internacional de Geomática e Geociências. Vol.1, No 2.*

Prakasam, C., Biswas, B. (2009). Estudo da alteração da cobertura do solo nos blocos Ausgram I e II, distrito de Burdwan, Bengala Ocidental, utilizando deteção remota e SIG, *Indian Journal of Landscape Systems and Ecological Studies, Vol - 32,* No - 2.

Prakasam, C., Biswas, B. (2010). Avaliação de Recursos Geomórficos: Past and Present Studies - A Review, *International Journal of Geomatices and Geosciences Volume 1, No 4.*

Prakasam, C., Thirumorthy, G., Biswas, B. (2010). Gestão de resíduos sólidos na cidade de Salem, Tamil Nadu, usando técnicas de SIG, *Indian Journal of Landscape Systems and Ecological Studies. Vol - 33, No - 1.*

Prakasam, C., Biswas, B. (2010). Identificação do recurso hídrico de superfície em Ausgram Blocks I & II, distrito de Burdwan, Bengala Ocidental, Índia, com base na análise morfométrica, usando GIS. *Jornal de Gestão da Água e do Uso do Solo, Vol- 10, No - 1*

Prakasam. C., Kumar, K., Chatterjee, S. (2010). Planeamento do desenvolvimento da área tribal do bloco de Chintapalli, distrito de Visakhapatnam, Andhra Pradesh, Índia: Using GIS and Remote Sensing Approach. *Revista Internacional de Geomática e Geociências. Vol.1, No 2, (2010).*

Prakasam, C. (2010). Análise morfométrica da área de captação do lago Perunchani, distrito de Kanniyakumari, Tamil Nadu, utilizando o SIG. *Jornal da Fundação Geográfica Indiana. 2010, Vol - 14, No -2.*

Prakasam, C., Biswas, B. (2011). Utilização da tecnologia GIS Classificou as zonas de stress hídrico com base nos recursos geomórficos: Um estudo de caso do bloco Ausgram, distrito de Burdwan, Bengala Ocidental. Trabalho apresentado no *Seminário Nacional patrocinado pela UGC sobre Tendências Emergentes em Geografia,* Bankura Christian College, Bankura.

Prakasam, C., Biswas, B. (2011). Planeamento do desenvolvimento da área tribal utilizando técnicas de SIG: Um estudo de caso do bloco Ausgram, distrito de Burdwan, Bengala Ocidental. Trabalho apresentado no *Workshop Anual para o Encontro de*

Cientistas Juniores. Instituto Netaji de Estudos Asiáticos, Calcutá.

Prakasam, C., Biswas, B. (2011). Avaliação de recursos físicos, usando sensoriamento remoto - GIS para sugerir práticas agrícolas alternativas para algumas aldeias atrasadas em Ausgram Block, Burdwan District, West Bengal, Índia. Trabalho apresentado na *Associação Nacional de Geógrafos da Índia (NAGI), 33.° Congresso Indiano de Geografia*. Universidade de Burdwan, Burdwan.

Prakasam, C., Biswas, B. (2011).Identificação e zonação da região de stress hídrico dos blocos Ausgram I e II do distrito de Burdwan, Bengala Ocidental, Índia: A Geospatial approach. Trabalho apresentado na *24ª Conferência Nacional do Instituto Indiano de Geomorfólogos (IGI)* e na *Convenção Anual sobre Dinâmica Costeira e Geomorfologia*. Universidade de Anna, Chennai.

Prakasam, C., Biswas, B. (2011). Planeamento sazonal da ocupação do solo para o bloco Ausgram, distrito de Burdwan, Bengala Ocidental, Índia: A Geospatial Technological Approach. Trabalho apresentado no *Seminário Nacional Patrocinado pela UGC sobre Desenvolvimento Sustentável: An Interdisciplinary Approach*. Faculdade de Sarsuna, Calcutá.

Prasad, A. (1965). The Physical Landscape of Chotanagpur: A Study in Regional Physiography, *Geog. Outlook, Vol. IV,* Ranchi.

Prasad, N. (1971). *Geomorphology in Chotanagpur, Geography of Chotanagpur (Bihar),* Dept of Geography, Ranchi University.

Prasad, N. (1973). Geomorphic Sub-Regions of the Barakar Basin, *Indian Geographical Studies Res. Bull. No.1, Sept,* Patna.

Prasad, N. (1973). Surajkund, a primavera mais quente de Bihar, *The Bihar Information,* Patna, março.

Prasad, N. (1974). The Significance of Tectonic History and Climatic changes in Geomorphic Interpretation, *Indian Geog. Studies, Res. Bull, No.2,* Patna, março.

Prasad, N. (1977). Análise da ordem dos cursos de água da bacia de Barakar, *Indian Geog, Studies, Res. Bull. No.9,* Patna, setembro.

Prasad, N. (1979). Hydrographic Network and Drainage Basin Analysis : A Case Study of the Barakar Basin, *Geog. Rev. of India, Vol. 41,* Calcutá, (Dez.).

Prasad, N. (1985). Determination of Stage of Land Scape Evolution through Relief Mesures, *Facets of Geomorphology,* Ed. By Kumar, A., Thinker Library 1 & C, Sarojini Naidu Marg, Allahabad.

Prasad, N., Rumki, S. (2011). Avaliação do terreno - uma revisão. *Revista* Internacional *de Pesquisa Atual, Vol. 3, Edição, 7,* .296-301.

Prinz, D. (1996). Water Harvesting - History, Techniques and Trends, Z. f. *Bewasserungs wirtschaft 31, 1,* 64 - 105.

Prinz, D. (1995). A recolha de água no ambiente mediterrânico - o seu papel no passado e perspectivas futuras. In: Tsiourtis, N.X. (ed.) Water Resources Management under Drought or Water Shortage Conditions. Actas, *Simpósio EWRA 1995* 14-18 de março de 1995, Nicósia, Chipre, pp. 135144. Balkema, Roterdão

Radhakrishnan, B.P. (1952). O planalto de Mysore, sua avaliação estrutural e fisiográfica, Bull. *Mysore Geologist Assn, Vol. 3,* 57.

Raj, R.K. (1980). *Geomorphology of the Sonar Berma Basin, M.P.* Concept Publishing Company, New Delhi.

Raj, R.K. (1971). *Geomorphology of the Sonar - Berma Basin,* tese de doutoramento, Universidade de Sagar, M.P. (Publicado em 1980).

Rao, V.L.S.P. (1947). Soil survey and analysis, *Indian Jour, vol.XXII, No.3.*

Rastogi, R.A., Sharma, T.C. (1976). Quantitative analysis of drainage basin characteristics (Análise quantitativa das caraterísticas das bacias de drenagem). *Jour. Soil and water Conservation in India, v.26 (1&4),* 1825.

Rinaldo A., Rodri'guez-Iturbe. I., Rigon, R. (1998). Redes de canais. In: Jeanloz R, Albee AL, Burke KC (eds) *Annual review of earth and planetary sciences, vol 26.* Annual Reviews, Palo Alto, 289-327.

Rivera, V. O. (2005). *Deteção de mudanças hiperespectrais mediante análise temporal de componentes principais.* Espanha: Universidade de Porto Rico.

Rodell, Matthew, Velicogna, Isabella, Famiglietti, James S. (2009). Satellitebased estimates of groundwater depletion in India. *NATURE | Vol 460 120,* 999-1003. doi:10.1038/nature08238.

Rodriguez-Iturbe, I., Valdes, J.B. (1979). A estrutura geomorfológica da resposta hidrológica. *Investigação sobre Recursos Hídricos, 15(6).* 1409-1420.

Rogan, J., Miller, J., Stow, D., Franklin, J., Levien, L., Fischer, C. (2003). Monitorização da alteração da cobertura do solo com árvores de classificação utilizando Landsat TM e dados auxiliares. *Photogrammetric Engineering and Remote Sensing, 69,* 793-804.

Roohani, M.S., Gupta, R.P. (1988). Quantative Hydromorphic investigation in the Chenab catchment, Himalayas, *Hydrology Journal of IAH vol.XI, No 4.*

Roy, B.K. (1968). Mesurement of rural in Azarngarh, Middle Ganga Valley, *The geographer, Spl. No., , vol.XV.*

Rudraiah, M., Govindaiah, S., Vittala, S.S. (2008). Morfometria usando Sensoriamento Remoto e Técnicas GIS nas Sub-Bacias da Bacia do Rio Kagna, Distrito de Gulburga,

Karnataka, Índia. *Journal of Indian Society of Remote Sensing. 36.* 351 - 360.

Satpathi, D.D.P. (1970). A Broad Outline of Geomorphology of Singhbhum, India, *Symposium on Erosion Surface, 21st Inter - Geog.* Cong. Ahmad & Dasgupta (eds).

Satpathi, D.D.P. (1972). Análise quantitativa de formas de terreno - um estudo de caso da bacia do rio Deo, Singhbhum, *Geog. Outlook, Vol.9,* Ranchi.

Satpathi, D.D.P. (1975). Ciclos paisagísticos de Singhbhum, Geog. *Outlook, Vol. XI,* Ranchi.

Savigear, R.A.G. (1965). Uma técnica de mapeamento morfológico, *Ann. Ass. Amer. Geog., 55,* 514 - 518.

Schulz, J. J., Cayuela, L., Echeverria, C., Salas, J., Rey Benayas, J. M. (2010). Monitoramento da mudança de cobertura do solo da paisagem florestal de terras secas do Chile Central (1975e2008). *Geografia Aplicada, 30(3),* 436e447.

Schumm, S.A. (1956). A evolução dos sistemas de drenagem e declives em Badlands em Preth Amboy, New Jersey. *Geol Soc Am Bull 67,* 597-646.

Schumm, A.A. (1977). *The Fluvial system,* John Wiley, New York.

Schumm, S.A., Mosley, N.P., Weaver, W.E. (1987). *Experimental Fluvial Geomorphology.* Uma publicação inter-científica da Wiley. John Wiley and Sons, Nova Iorque, E.U.A., 2ª Edição.

Schumm, S.A., Khan, H.R. (1971). Estudo experimental de padrões de canais. *Nature 233,* 407-9.

Schumm, S. A. (1979). Limiares geomórficos: o conceito e a sua aplicação. *Trans. Inst. Br. Geogr.* (New Ser.), 4(4).

Sellers, P.J., Berry, J.A., Collatz, G.J., Field, C.B., Hall, F.G. (1994). Reflectância do dossel, fotossíntese e transpiração. III. Uma reanálise usando cinética enzimática - modelos de transferência de electrões da fisiologia da folha. *Sensoriamento Remoto do Meio Ambiente, 42,* 1-20.

Sen, P. K. (1993). *Geomorphological Analysis of Drainage Basins* (An Introduction to Morphometry and Hydrological Parameters), The University of Burdwan, Burdwan.

Sen, A.K. (1965). Mapping of Micro-Geomorphic Units of Siwana Area, Western Rajasthan, *Journal Geological Society of India Vol. 12, No.2.* 189-191.

Sengupta, S. (2006). 'In India, water crisis means foul sludge', *New York Times, 29 de setembro.*

Sengupta, S. (1972). Geographical Framework of the Bhagirathi-Hooghly Basin - Proceeding of the *Interdesciplinery Symposium,* Calcutta University.

Serneels, S., Lambin, E. F. (2001). Causas próximas da mudança de uso da terra no distrito de Narok, Quénia: Um modelo estatístico espacial. *Agriculture, Ecosystems & Environment, 85,* 65-81.

Serra, P., Pons, X., Saurí, D. (2008). Alterações do coberto vegetal e do uso do solo numa paisagem mediterrânica: uma análise espacial das forças motrizes que integram factores biofísicos e humanos. *Geografia Aplicada, 28,* 189-209.

Sharma, H.S. (1969). *Physiography of the Lower Chambal Valley and its Agricultural Development,* Tese de Doutoramento, publicada em 1980, Concept, Nova Deli, 1-128.

Sharma, H.S. (1970). Micro-geomorphic Regions of Lower Chambal Valley, *Indian Geographical Journal, Madras, Vol.45,* 1-44.

Sharma, H.S. (1981). *Perspectivas em Geomorfologia, 4 Vols.* Editado, Concept Pub, Co. New Delhi.

Sharma, J. N., Jugran, D.K. (1992). Hydrogeomorphological Studies around Pinjaur-Morni-Kala Amb Area, Ambala District (Hariyana) and Sirmour District (Himachala Pradesh). Photonirvachaak, *Journal of Indian Society of Remote Sensing, 20(4).* 187 - 197.

Sharma, J.N., Amin, N. (1996). Um estudo morfométrico da bacia do rio Dikhou, Índia. Indian Journal of Geomorphology, 1(2), 207 - 224.

Sherbinin, Alex de. (2002). Land-Use and Land-Cover Change, A CIESIN Thematic Guide. Centro para a Rede Internacional de Informação sobre as Ciências da Terra (CIESIN) da Universidade de Columbia, Palisades, NY, EUA.

Shreve, R.L (1966). Lei estatística dos números de fluxo. *J Geol 74,* 17-37.

Shrever, R. L. (1969). Comprimentos dos cursos de água e área da bacia em redes topológicas de canais aleatórios. *J. Geol, 77(4).*

Shrever, R. L. (1966). Statistical law of stream numbers. *J. Geol, 74(1),* 17-37.

Shrever, R. L. (1967). Redes de canais topologicamente aleatórios infinitos. *J. Geol, 73(2),* 178-186.

Shrivastava, Ashok. K., Srivastava, Arun. K., Solomon, Sushil. (2011). Sustaining sugarcane productivity under depleting water resources. *Current science, vol. 101,* no. 6, 25.

Silvertown, J., Holtier, S., Johnson, J., Dale, P. (1992). Modelos de autómatos celulares de competição interespecífica pelo espaço: O efeito do padrão no processo. *Journal of Ecology 80 (3),* 527-534.

Singh, Savindra. (1980). Estimativa da densidade de drenagem. *National Geographer,*

16 (2), 81 - 89.

Singh, A. (1989). Digital Change Detection Techniques Using Remotely Sensed Data. *Jornal Internacional de Sensoriamento Remoto. Vol. 10, No. 6*, 989-1003.

Singh, A. (1989). Digital Change Detection Techniques Using Remotely Sensed Data. *International Journal of Remote Sensing, Vol. 10, No. 6*, 989-1003.

Singh, A.K. (2003). *Modelação de alterações na cobertura do solo utilizando autómatos celulares num ambiente geo-espacial.* Instituto Internacional de Ciência da Geo-Informação e Observação da Terra, Enschede, Países Baixos (Tese de Mestrado).

Singh, J. (1971). Optimum carrying capacity of land in Punjab, *N.G.J.I., vol.XVII, part 1*

Singh, N. (1990). *Geomorphology of Himalayan Rivers (A case study of Tawi Basin)*, Jay Kay Book house, Jamu Tawi.

Singh, R.P. (1956). *Geomorphological Evolution of Chotanagour Highlnds - India*, National Geographical Soc. Of India, (Publicado em 1969), Varanasi.

Singh, R.P. (1957). Stages and Structural Growth Chotanagpur, *Journal of University of Bihar, Vol. III, No. 1.*

Singh, R.P. (1970). Topography and Towns in the Chotanagpur Highlands, *The Magadh University Jour. Bodh Gaya, Vol. III, No.1.*

Singh, S. (1977). A statistical Analysis of the average slopes of the Belan Basin: *The Deccan Geographer, Vol. XV, No.2*, 307 - 316.

Singh, S. (1981). Estimativa da densidade de drenagem. *National Geographer, 16 (2)*, 81 - 89.

Sklar, F. H., Costanza, R. (1991). O desenvolvimento de modelos espaciais dinâmicos para a ecologia da paisagem: A review and prognosis. Páginas 239-288 em M. G. Tuner e R. H. Gardner, eds. *Quantitative Methods in Landscape Ecology.* Springer-Verlag, Nova Iorque.

Smart.J. S. (1968a). Propriedades estatísticas do comprimento dos cursos de água. *Wafer Resour. Res., 4(4)*, 1001-14.

Smart, J. S. (1968b). Número médio de fluxos e rácios de ramificação para redes de canais topologicamente aleatórios. Bull. *Assoc. I nt . SOC. Hydrol., 13(4)*, 61-4.

Smart. J. S. (1969). Propriedades topológicas das redes de canais. *Geol. SOC.A m., Bull, 80(9)*, 1757- 74.

Smith, B., Sandwell, D. (2003). Accuracy and resolution of shuttle radar topography mission data. *Geophys. Res. Lett., v.30 (9)*, 20-21.

Smith, G.H. (1935). O Relevo Relativo do Ohio, *Geog. Review, Vol. 25.*

Srinivasan, P. (1998). Utilização de técnicas de deteção remota para investigação hidro-geomorfológica de pormenor em parte da área do Comando de Narmadasagar. M.P.J. *Indian Soc. Remote Sensing. 16 (1)*. 55 - 62.

Stanners, D., Bourdeau, P. (1995). *Europe's Environment: the Dobris Assessment,* Copenhaga, Agência Europeia do Ambiente.

Statham, I. (1973). Desenvolvimento de taludes em Scree em condições de movimento de partículas à superfície. *Trans. Inst. Br. Geog. 59,* 41-53.

Strahler, A.N. (1952). Análise geomórfica da topografia erosiva. Bull. *Geol. Soc. Am, (63),* 25-34.

Strahler, A. N. (1952a). Base dinâmica da geomorfologia. *Geol. SOC.A m, Bull, 63(9).*

Strahler, A.N. (1956). A natureza da erosão induzida e da agregação. In: W. L. Thomas (Ed.), *Man's RoZe in Changing the Face o f the Earth.* Thomas, Chicago-Illinois.

Strahler, A.N. (1956). Geomorfologia quantitativa de bacias de drenagem e redes de canais. In: V.T. Chow (ed), *Handbook of Applied Hydrology.* McGraw Hill Book Company, Nova Iorque, Secção 4-11.

Strahlear, A. N. (1956a). Análise quantitativa de declives. *Geol. Soc. Am., Bull., 67(5).*

Strahler, A. N. (1956b). A natureza da erosão induzida e da agregação. In: W. L. Thomas (Ed.), *Man's RoZe in Changing the Face o f the Earth.* Thomas, Chicago-Illinois.

Strahler, A. N. (1957). Análise quantitativa da geomorfologia de bacias hidrográficas. Trans. Am. Gcophys. Union, 38.

Strahler, A.N. (1958). Análise dimensional aplicada a formas de relevo fluvialmente erodidas. *Geol. Soc. Amer, Bull., 63,* 913 - 920.

Strahler, A.N. (1964). Quantities Geomorphology of Drainage basins and channel networks, In V.T. Chow(ed) *Handbook of Applied Hydrology.*

Strahlera, N. (1966). *Physical Geography.* John Wiley, Nova Iorque, Londres e Sydney.

Taber, S. (1930). A mecânica do levantamento de gelo. *J.Geol. 38,* 303-17.

Takeyama, M., Couclelis, H. (1997). Map dynamics: Integrating cellular automata and GIS through Geo-Algebra. *Jornal Internacional de Ciência da Informação Geográfica 11 (1),* 73-91.

Tarboton, D.G. (1997). Um novo método para a determinação das direcções de escoamento e da área de subida em modelos digitais de elevação em grelha, *Water Resource Resear-ch, 33.*309- 319.

Tarboton, D.G., Bras, R.L., Rodiriguez-Iturbe, I. (1991). On the extraction of channel network from digital elevation data, *Hydrological Process, 5.* 81 - 100.

Tauer, W., Humborg, G. (1992). Irrigação por escoamento superficial na zona do Sahel: Sensoriamento remoto e GIS para determinar locais potenciais. Centro Técnico para Agric. And Rural Co-operation. Países Baixos, GIS Publ,.

Telbisz .T. (1999) Szamitogepes szimulacio a felszinalaktanban . *Foldrajzi Kozlemenyek CXXIII./XLVII. 3-4 sz.* 151-162.

Thomas, C.E. (ed) (1982). *Space and time in Geomorphology,* George Allen & Unwin, Londres.

Thorup-Kristensen, K., Grevsen, K. (1999). Uma rotação de culturas hortícolas biológicas autossuficiente em azoto. *Nordisk Jordbrugsforskning 81(3),* 206-214.

Thorup-Kristensen, K., Nielsen, N.E. (1998). Modelação e medição do efeito das culturas de captação de azoto no fornecimento de azoto às culturas seguintes. *Plant and Soil 203,* 79-89.

Tiwari, A., Raj, B. (1996). Hydrogeomorphological mapping for groundwater prospecting using Landsat MSS images - A case study of part of Dhanbad district, *Journal of Indian Society of Remote Sensing , 24 (4).* 281 - 285.

Tobler, W. R. (1979). *Cellular geography.* Páginas 379-386 em S. Gale e G. Olsson, eds. Philosophy in Geography. D. Reidel Publishing Company, Dordrecht, Países Baixos.

Trame, A., Harper, S. J., Aycrigg, J., Westervelt, J. (1997). The Fort Hood Avian Simulation Model: A Dynamic Model of Ecological Influences on Two Endangered Species (Um modelo dinâmico de influências ecológicas em duas espécies ameaçadas).

Trudgill, S.T., Crabtree, A.M., Pickles, K.R.J., Burt, T.P. (1984). *Hydrology and solute uptake in hillslope soils on Magnesian Limestone: the Whitwell Wood project. Em Catchment experiments in fluvial geomorphology,* T.P. Burt e D.E. Walling (eds), 183-215. Norwich: Geo Books.

Tuceryan, M., Jain, A.K. (1993). *Análise de textura. In: Handbook of Pattern Recognition and Computer Vision,* Chen, C.H., L.F. Pau e P.S.P. Wang (Eds.). World Scientific, Singapura, 235-276.

Tucker, G.E., Catani, F., Rinaldo, A., Bras, R.L. (2001). Análise estatística da densidade de drenagem a partir de dados digitais do terreno. *Geomorfologia, 36,* 187-202.

Turner, B. L. II., Clark, W. C., Kates, R., Richards, J., Mathews, J. T., Meyer, W. B. (Eds.) (1990). *The Earth as transformed by human action.* Cambridge, Cambridge University Press.

Turner, B. L., Skole, D., Sanderson, S., Fischer, G., Fresco, L., Leemans, R. (1995). Land-Use and Land-Cover Change Science/Research Plan. Publicação conjunta do Programa Internacional Geosfera-Biosfera (Relatório n° 35) e do Programa Dimensões

Humanas das Alterações Ambientais Globais (Relatório nº 7). Estocolmo: Academia Real das Ciências da Suécia.

Turner, B.L II. (2002). *Toward integrated land-change science: Advances in 1.5 decades of sustained international research on land-use and land cover change.* Pages 21-26 in Steffen W, Jäger J, Carson DJ, Bradhsaw C, eds. Challenges of a Changing Earth. Berlin: Springer.

Turner, B.L., Meyer HI, W.B., Skole, D.L. (1994). Global /land cover change: towards an integrated program of study. *Ambio 23,* 91-95.

Van Burkalow, A. (1945). Ângulo de repouso e ângulo de atrito de deslizamento: um estudo experimental. *Bull.Geol.Soc.Am. 56,* 669-708.

Van der Meer, F. (1996). Modelação de misturas espectrais e estratigrafia espetral no mapeamento de litofácies carbonatadas. *Journal of Photogrammetry and Remote Sensing, 51(3),* 150-162.

Varma, P. (1957). *Ranchi Plateau, its geomorphology and Human Settlements,* tese de doutoramento não publicada, Universidade de Allahabad, Allahabad (U.P).

Vats, P.C. (1983). Geomorphic factors in planning - A case study of village Asan Tiloria. *The Geographical Observer, Vol 19,* 11 - 16.

Veldkamp, A., Lambin, E. F. (2001). Predicting land-use change. *Agriculture, Ecosystems, and Environment 85 (1-3),* 1-6.

Veldkamp, A., Fresco, L. O. (1996). CLUE: Um modelo concetual para estudar a conversão de e os seus efeitos. *Ecological Modelling 85 (2/3),* 253-270.

Verstappen, HTh. (1983). *Applied geomorphology.* ITC, Enschede.

Vink A.P.A. (1975). - *Advancing Agriculture, Series in Agricultural Sciences - I,* Springer - Verlag Berlin Heidelberg, New York.

Vitousek, P.M. (1992). Global environmental change: an introduction. *Revisão Anual de Ecologia e Sistemática 23,* 1-14.

Vogelmann, J. E., Sohl, T., e Howard, S. M., (1998). Regional characterization of land cover using multiple sources of data. *Photogrammetric Engineering and Remote Sensing, 64,* 45-57.

Wadia, D.N. (1937). *An outlook of geological history of India, in An outline of the field science of India,* Ind, Sc. Congress Assn., Calcutá, 43 - 69.

Wadia, D.N. (1975). *Geology of India,* Tata McGraw - Hill Publishing Co., Nova Deli, Quarta Edição.

Warner, T. A., & Campagna, D. J. (2009). *Deteção remota com IDRISI Taiga: Um guia para principiantes*. Hong Kong, Centro Internacional Geocarto.

Weinberg, M., Kling, C. L e Wilen, J. E. (1993). Water markets and water quality. *American Journal of Agricultural Economics 75 (2)*, 278-91.

Weng, Q. (2001). Uma avaliação por deteção remota - GIS da expansão urbana e do seu impacto na temperatura da superfície no Delta de Zhujiang, no sul da China. *Revista Internacional de Estudos Urbanos e Regionais, 22*, 425-442.

West, W.D. (1962). A linha do Vale do Narmada-Son. *Current Science, Vol. 20.*

West, W.D. (1964). The Geomorphology of the Country around Sagar and katangi, An example of superimposed drainage, *Jour. Geol, Sci. of India, Vol.5.*

Westervelt, J. D., Hannon, B. M., Levi, S e Harper, S. J. (1997). *A Dynamic Simulation Model of the Desert Tortoise (Gopherus agassizii) Habitat in the Central Mojave Desert.* Champaign, IL: U.S. Army, Corps of Engineers, CERL Publication 97/102. http://blizzard.gis.uiuc.edu/dsm TORT frame.htm.

Wiesmann, A., ller, U., Toan, T. L., Santoro, M., Werner, C., & Strozzi, T. (2005). Utilização de dados ENVISAT ASAR em modo de varrimento largo sobre a Sibéria para mapeamento da cobertura do solo em grandes áreas, recuperação de parâmetros e deteção de alterações. Simpósio Internacional de Geociências e Deteção Remota (IGARSS), 5, 3595-3598 Seul. *Simpósio Internacional de Geociências e Sensoriamento Remoto IEEE 2005.*

Wigmosta, M. S., Vail, L. W., Lettenmaier, D. P. (1994). Um modelo distribuído de hidrologia-vegetação para terrenos complexos. *Pesquisa de Recursos Hídricos, 30.* 1665-1679.

Wooldridge, S.W. (1932). The Cycle of erosion and the representation of relief, *Scottish Geographical Magazine, 48*, pp. 30-36.

Wulder, M. A.,White, J. C., Goward, S. N., Masek, J. G., Irons, J. R., Herold, M., Cohen,W. B., Loveland, T. R., &Woodcock, C. E. (2008). Landsat continuity: Issues and opportunities for land cover monitoring. *Sensoriamento Remoto do Meio Ambiente, 112*, 955-969.

Wyman, M. S., & Stein, T. V. (2010). Modelagem de dados de mudanças sociais e de uso/cobertura da terra para avaliar os fatores de desmatamento de pequenos proprietários em Belize. *Applied Geography, 30(3)*, 329e342.

Yang, X. e Lo, C. (2002). Using satellite imagery to detect land cover changes in Atlanta, Georgia metropolitan area. *International Journal of Remote Sensing. 23*, 1775-1798.

Yeh, A. (1999). Planeamento urbano e SIG. In: Longley, P., Goodchild, M., Maguire, D., Rhind, D. (Eds.), *Geographical Information Systems- Management Issues and*

Applications. Wiley, Nova Iorque.

Yuan D., Elvidge C.D., Lunetta R.S. (1998) *Survey of multispectral methods for land cover change analysis. Em Remote Sensing Change Detection: Environmental Monitoring Methods and Applications,* editado por R. S. Lunetta e C. D. Elvidge (Chelsea, MI: Ann Arbor Press), 21-39.

Yuan, F., Sawaya, K.E. Loeffelholz, B.C.; Bauer, M.E. (2005). Classificação da cobertura do solo e análise de alterações das áreas metropolitanas das Cidades Gémeas (Minnesota) por deteção remota multitemporal do Landsat. *Remote Sensing of Environment. 98,* 317-328.

Zavoianu.I. (1985). *Morphometry of drainage basins, developments in water science, 20,* Elsevier Publications. Amesterdão. 4 - 5.

Zhou, W., Troy, A., & Grove, M. (2008). Object-based land cover classification and change analysis in the Baltimore metropolitan area using multitemporal high resolution remote sensing data. *Sensors, 8(3),* 1613e1636.

http://bardhaman.nic.in/home.htm

http://en.wikipedia.org/wiki/Ausgram I %28 desenvolvimento comunitário b lock%29

http://www.ibef.org/download/west bengal 190111.pdf

http://www.indianetzone.com/45/rainfall distribution india.htm http: // .www.westbengalonline.in/Profile/Geography/Agriculture.aspx

Interação do supervisor com os agricultores da aldeia de Bhalki durante a recolha de dados no terreno (23/12/2007)

Autor: Verificação de campo na aldeia de Bhalki (18/04/2009)

Fotografias de campo

O autor com o seu assistente durante o inquérito de campo

MIX
Papier aus verantwortungsvollen Quellen
Paper from responsible sources
FSC® C105338

Printed by Books on Demand GmbH, Norderstedt / Germany